众行致远
智启未来

安徽省科普活动**优秀作品集**

2021年

主编 罗 平

中国科学技术大学出版社

内 容 简 介

本书收录了安徽省科学技术厅在 2021 年主办的"全国科普讲解大赛预选赛暨安徽省科普讲解大赛""安徽省优秀科普微视频征集评选活动""安徽省科学实验展演汇演活动"三项活动的一、二等奖获奖作品的脚本，真实地记录了活动主题、活动内容、活动过程、活动收获等，以及三项活动的全部获奖名单和一、二等奖获奖团队或选手的照片。本书的出版，将进一步扩大三项活动的社会影响，充分发挥优秀科普作品的辐射与带动作用，扩大科学普及范围，激发全体大众的科普创作热情，推动公民科学素质建设更上一个新台阶。

图书在版编目(CIP)数据

众行致远　智启未来：安徽省科普活动优秀作品集：2021 年/罗平主编.—合肥：中国科学技术大学出版社，2022.12

ISBN 978-7-312-05542-3

Ⅰ. 众… Ⅱ. 罗… Ⅲ. 科学普及—作品集—中国—2021 Ⅳ. N4

中国版本图书馆 CIP 数据核字(2022)第 241615 号

众行致远　智启未来：安徽省科普活动优秀作品集(2021 年)
ZHONG XING ZHIYUAN ZHI QI WEILAI：ANHUI SHENG KEPU HUODONG YOUXIU ZUOPIN JI (2021 NIAN)

出版	中国科学技术大学出版社
	安徽省合肥市金寨路 96 号，230026
	http://press.ustc.edu.cn
	https://zgkxjsdxcbs.tmall.com
印刷	安徽国文彩印有限公司
发行	中国科学技术大学出版社
开本	787 mm×1092 mm　1/16
印张	14
字数	330 千
版次	2022 年 12 月第 1 版
印次	2022 年 12 月第 1 次印刷
定价	58.00 元

前　言

　　2021年是党和国家历史上具有里程碑意义的一年。安徽人民昂扬奋进，全面建成小康社会，踏上了向第二个百年奋斗目标进军的新征程，科技创新成果显现。国家实验室全面投入运行，"九章二号""祖冲之二号"实现量子计算新突破。合肥先进光源、量子空地一体精密测量等大科学装置列入国家规划。3位科学家当选"两院"院士，12项科技成果获国家科学技术奖，8项制造业揭榜攻关项目打破国外垄断。每万人口发明专利拥有量为19.9件，吸纳技术合同成交额增长92.3%……这一系列成绩让全省人民以前所未有的自信与豪迈，向着中华民族伟大复兴的奋斗目标阔步前行！

　　2016年5月30日，习近平总书记在"科技三会"上的讲话指出："科技创新、科学普及是实现创新发展的两翼，要把科学普及放在与科技创新同等重要的位置。没有全民科学素质普遍提高，就难以建立起宏大的高素质创新大军，难以实现科技成果快速转化。"我们深刻认识到，要实现经济与科技的可持续发展，就需要在全体民众中培育一种学习科学常识、树立科学观念、崇尚科学精神、掌握基本科学方法的广泛且深厚的氛围，让更多的人了解科技知识，提升科学文化素养，从而扩大人才储备，助力科学研究和科技成果转化。

　　为深入实施创新驱动发展战略，提高全省人民的科学素质，让科技发展成果更多更广泛地惠及全省人民，安徽省科学技术厅在2021年主办的"全国科普讲解大赛预选赛暨安徽省科普讲解大赛""安徽省优秀科普微视频征集评选活动""安徽省科学实验展演汇演活动"三项活动的基础上，将活动主题、内容、过程、收获等整理成册，生动地展现了各推荐单位和参赛选手积极致力于全民科普活动的热情与实力。本书的出版，将进一步扩大三项活动在江淮大地上的社会影响，充分发挥优秀科普作品的辐射与带动作用，激发全体大众的创作热情，推动公民科学素质建设更上一个新台阶。

（扫描二维码，观看获奖视频）

目　　录

第3篇 安徽省优秀科普微视频获奖作品

附 录

第 1 篇

安徽省科学实验展演汇演活动获奖作品

1　手持式超导磁悬浮装置

安徽省歙县中学　宋珍珍　王志斌

（推荐单位：黄山市科技局）

超导技术被认为是 21 世纪最具有战略价值的高新技术之一。为了让青少年对超导现象有初步认识，激发其对该领域的学习以及研究兴趣，使更多有志青少年未来能投身科研工作，我们通过实验来介绍超导带材的制作、超导现象的检验，以及其中涉及的物理原理。

1.1　实 验 材 料

超导带材（超导临界温度为 91.3 K）、液态氮气（沸点为 77 K）、片状钕铁硼永磁体（4 cm×2 cm×0.3 cm）20 片、铁板 1 块（21 cm×13 cm）、木条 1 片（16 cm×1.5 cm）、泡沫塑料盒、竹制镊子、医用纱布等。

1.2　制 作 步 骤

1. 超导带材制作

超导带材在上海市高温超导实验室制作完成。制作时，先称取适量的醋酸钇、乙酸钡和醋酸铜，将其溶于丙酸溶剂后形成胶体，然后通过提拉法制膜、热处理成膜，形成超导层，最后封装形成超导带材。制作流程如图 1-1-1 所示。

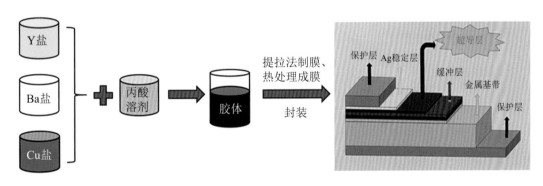

图 1-1-1　超导带材制作流程

2. 超导带材准备

将超导带材剪成长 5 cm、宽 1.2 cm 的两段，并排放置，用医用纱布缠绕包裹多层，如图 1-1-2 所示。

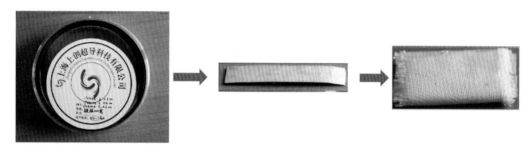

图 1-1-2 超导带材

3. 手持装置制作

将铁板左右两端装上把手，以便于手持，按图 1-1-3 所示在铁板上铺设片状磁铁，各块磁铁片的 N 极、S 极方向一致，中间留宽为 1.5 cm 的空隙。在空隙中嵌入 16 cm×1.5 cm 的木条，将永磁体分隔为两个区域，于是在木条区域形成弱磁场区，在木条两侧便形成两个完整的磁场区。

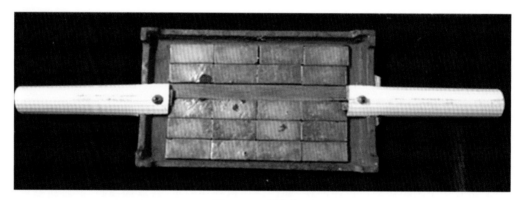

图 1-1-3 手持装置

1.3 检验超导性质

一些金属在低温时电阻降到 0 的现象称为超导现象。液态氮气的沸点为 77 K(−196 ℃)，本实验采用的上创超导带材的超导临界温度为 91.3 K(−181.85 ℃)，所以超导带材经液氮冷却后就达到了超导临界温度，从而产生超导现象。

在达到超导临界温度的带材靠近或远离磁场时，因超导带材发生电磁感应现象，故产生感应电动势。又因其内电阻为 0，故带材内部产生很大的涡旋电流，从而使带材产生拒磁作用。

1. 超导带材悬浮在磁铁平面正上方

将包裹纱布的超导带材浸入有液氮的泡沫盒内，吸附液氮，用竹制镊子将其夹起后放在铺设了磁铁的平面正上方，此时可以观察到，超导带材悬浮于磁铁平面正上方，如图 1-1-4 所示。

图 1-1-4　超导带材悬浮在磁铁平面正上方

受重力作用,带材有向下的运动趋势,穿过带材的磁通量增加,带材内部产生感应电流阻碍其靠近磁铁平面,故带材会悬浮在磁铁平面正上方,现象原理如图 1-1-5 所示。

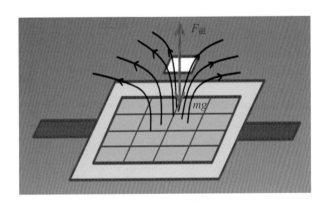

图 1-1-5　超导带材悬浮在磁铁平面正上方原理

2. 超导带材悬停在磁铁平面正下方

缓慢将磁铁平面翻转 $180°$,使磁铁平面向下。可以观察到,超导带材悬停在磁铁平面正下方,如图 1-1-6 所示。

图 1-1-6　超导带材悬停在磁铁平面正下方

受重力作用,带材有离开磁场的趋势,穿过带材的磁通量减小,带材内部产生感应电流阻碍其离开,故带材会悬停在磁铁平面正下方,现象原理如图 1-1-7 所示。

图 1-1-7　超导带材悬停在磁铁平面正下方原理

3. 超导带材悬停在磁铁平面正前方

缓慢回转 $90°$,使磁铁平面处于竖直状态,可以观察到超导带材悬停在磁铁平面正前方,如图 1-1-8 所示。

图 1-1-8　超导带材悬停在磁铁平面正前方

在重力作用下,带材有向下的运动趋势,要离开上方磁场,带材上半部分磁通量减少,产生电磁感应,但拒磁作用会阻止其离开。带材下半部分进入下方磁场,磁通量增加,发生电磁感应,但拒磁作用会阻止其进入。故超导带材能稳定悬停在磁铁平面正前方,如图 1-1-9 所示。

本装置在制作时,用纱布缠绕超导带材以吸附液氮,从而使带材能在较长的时间内保持超导临界温度,提高了实验成功率,令实验效果更加明显,同时也大大减少了液氮的使用量。在演示磁场平面竖直、超导带材悬停在磁铁平面正前方这一现象时,在磁场平面铺设弱磁场区是成功演示该现象的关键,且能更加深入地诠释楞次定律。本装置采用手持式设计,操作简单、演示方便,也便于观察。手持式超导磁悬浮装置演示实验可以让青少年深刻体验科技的魅力,有利于培养和提高青少年的科学素养。

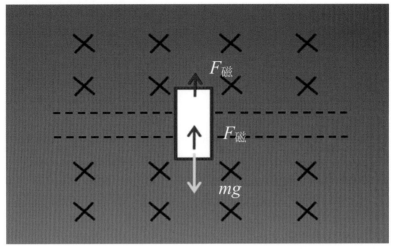

图 1-1-9　超导带材悬停在磁铁平面正前方原理图

参 考 文 献

[1]　蔡传兵,刘志勇.实用超导材料的发展演变及其前景展望[J].中国材料进展,2011,30 (3):9.

[2]　伍勇.超导物理基础[M].北京:北京大学出版社,1997.

2 一"碳"究竟：从碳中和说起

安徽省地质调查院(安徽省地质科学研究所) 方 懿

(推荐单位：安徽省地质矿产勘查局)

2020 年 9 月,习近平总书记在第七十五届联合国大会一般性辩论上发表重要讲话,提出中国"二氧化碳排放力争于 2030 年前达到峰值,努力争取 2060 年前实现碳中和"的总目标,呼吁"推动构建人类命运共同体,共同创造世界更加美好的未来"。碳达峰和碳中和(简称"双碳")迅速冲上热搜,刷屏朋友圈,首次被写入 2021 年的政府工作报告。

2.1 碳和化石能源

说到碳,大家都不陌生,作为一种非金属元素,它的化学元素符号是"C"。碳广泛存在于大气、地壳和生物体中,是组成生命的基本元素之一。地球上的生命形式丰富多彩,但是它们都有一个统一的名称——碳基生物。从 5.4 亿年前寒武纪生命大爆发开始,在漫长的地球演化过程中,丰富多彩的生命留下了许多痕迹。有些生物残骸以化石的形式埋藏在地下,被人类挖掘出来进行科学研究；有些则经过复杂的地质作用,转化成煤、石油、天然气等能源,被人类开采利用。这些能源被称为化石能源,其主要成分就是碳和碳氢化合物及其衍生物。18 世纪的工业革命揭开了人类大规模开发利用化石能源的序幕,自此人类文明获得了飞速发展。

2.2 二氧化碳和温室气体

化石能源的使用为人类文明发展注入了巨大的能量,但是燃烧产生的巨量二氧化碳(CO_2)却极大地影响了地球的生态气候环境。众所周知,CO_2 在空气中的含量仅占很小的一部分,但是它作为一种主要的温室气体却深刻地影响着地球的气候环境。当太阳光照射在地面时,有一部分辐射(短波辐射包括可见光)被大地吸收,地面温度升高的同时,再以长波辐射的形式(能量集中在红外线部分)向大气散发。温室气体能让短波辐射穿过自己,并挡住长波辐射不让热量大量逃逸,从而让大气具有了保温功能。温室气体除了 CO_2,还有水蒸气、甲烷(CH_4)和氧化亚氮(N_2O)等。

2.3 碳循环

地球上的碳总量相对固定,以碳循环的形式在自然界中流动。简单点理解,植物靠光合

作用吸收 CO_2，生物呼吸时排出 CO_2，火山喷发时释放 CO_2，一部分 CO_2 溶解于海洋中，另一部分 CO_2 被岩石吸收后形成碳酸盐矿物，死去的动植物在一定的地质作用下，形成煤、石油和天然气，然后又通过燃烧释放出 CO_2。在一个稳定的地质年代内，碳循环模式是一个有进有出的闭环。

自工业革命以来，人为排放的 CO_2 导致大气中的 CO_2 浓度急剧增加，远远超出了自然界排放的总量。工业化之前，全球 CO_2 浓度约为 278 ppm（1 ppm＝0.001％），而 2020 年这一浓度达到了 413 ppm，2022 年预计将突破 420 ppm。同时，森林被大量砍伐，从而降低了对 CO_2 的吸收。有数据显示，2020 年全球森林面积相比 1990 年减少了约 4.2％。这些人为活动排放的 CO_2 约有 46％存留于大气中，它们在短期内无法参与碳循环。碳循环出现了严重失衡，当大气中的 CO_2 越来越多的时候，便直接导致了全球气候变暖。

2.4　全球气候变暖

《世界气象组织 2021 年全球气候状况声明》指出：2021 年全球平均气温（1～9 月）比1850～1900 年的年均气温高出约 1.09 ℃。1990 年以来，联合国政府间气候变化专门委员会（IPCC）已先后发布了六次评估报告，2021 年 8 月发布的第六次评估报告的第一工作组报告《气候变化 2021：自然科学基础》，以最新数据、翔实证据和多元方法，提供了对全球和主要区域气候变化自然科学的最新认识，进一步确认人类活动已造成气候系统发生了前所未有的变化，预计到 21 世纪中期，气候系统的变暖仍将持续。

2.5　极端天气气候事件

全球气候变暖使冰川消融增加、海平面上升、气候带发生位移，导致全球大气紊乱、极端天气气候事件频发。2020 年 5 月，北京市遭遇十年来最强沙尘暴，这场源自蒙古国的沙尘暴一路南下，席卷了我国十多个省份。2020 年夏季，我国绝大多数地区尤其是南方地区发生了多轮强降雨，多地江河洪灾肆虐，有些地方甚至遭遇了百年一遇的特大洪水。我省的淮河流域、巢湖流域、长江流域全线告急。2021 年 1 月，我国中东部出现大范围强寒潮天气；7 月，河南发生特大暴雨，三天降下了常年一年的雨量。这些极端天气气候事件给人民群众带来了巨大损失。中国气象局的专家表示，随着地球气候变暖，未来将经常发生破纪录的极端事件。

全球气候变暖还会在全球范围内产生更加深远的影响和破坏。气候变化带来生态环境的恶化、生物多样性的破坏和土地沙漠化等一系列严重问题。频繁而猛烈的洪水和干旱将严重影响农业生产，导致粮食价格飞涨、饥荒肆虐，进而引发社会动荡和人道主义灾难。贫穷的国家和治理能力弱的国家将面临更大灾难。社会会对气候变化做出反应，而这种反应对人类的影响比气候变化本身更大。

2.6　中国"双碳"政策

中国是全球 CO_2 排放第一大国。中国"双碳"目标的提出，展现了一个负责任大国的形象，向世界传递了力量和信心。"碳达峰"是指在 2030 年前，CO_2 排放量达到历史最高值，然后经历平台期持续下降，是 CO_2 排放量由增转降的历史拐点；"碳中和"是指到 2060 年，针对国家、企业、产品、活动或个人在一定时间内直接或间接产生的 CO_2 或温室气体排放总量，通过植树造林、节能减排等形式，以抵消自身产生的 CO_2 或温室气体排放量，实现正负抵消，达到相对"零排放"。

实现"双碳"目标，不是别人让我们做，而是我们自己必须要做。我国已进入新发展阶段，推进"双碳"工作是破解资源环境约束突出问题、实现可持续发展的迫切需要，是顺应技术进步趋势、推动经济结构转型升级的迫切需要，是满足人民群众日益增长的优美生态环境需求、促进人与自然和谐共生的迫切需要，是主动担当大国责任、推动构建人类命运共同体的迫切需要。

2.7　实验观察二氧化碳与气温的关系

1. 实验材料

锥形瓶 2 个、橡胶瓶塞 2 个、温度计 2 支、热熔胶枪 1 把、碳酸饮料 1 瓶、深色沙石料适量、小太阳取暖器 1 台，以上材料容易获取，成本低廉(图 1-2-1)。

图 1-2-1　各种实验材料

2. 前期准备和注意事项

瓶塞打孔，以便插入温度计；请使用经过校准的温度计，实验所用温度计的量程为 0～50 ℃，精度为 0.1 ℃，长度为 50 cm；将温度计插入瓶塞，若孔径过小，则应适当扩孔，插入时要小心，以免用力过猛导致温度计断裂，从而造成手部伤害；温度计插好后请用热熔胶枪在接缝处打一圈胶进行密封（图 1-2-2）；对温度计的感温泡进行遮挡，不要直接接触感温泡（图 1-2-3）；提前将碳酸饮料整瓶放入水中浸泡，使水温和饮料温度趋于一致。

图 1-2-2　密封效果

图 1-2-3　遮挡感温泡

3. 实验步骤

将砂石料分别倒入两个锥形瓶中；其中一个锥形瓶内倒入适量的水，以不超过砂石料为宜，盖紧瓶塞；另一个锥形瓶内倒入适量的碳酸饮料，仍以不超过砂石料为宜，摇晃使碳酸饮料产生更多的气泡，盖紧瓶塞；记录下两支温度计的初始温度；将取暖器放在中间的位置，距离烧瓶 15～30 cm，并倾斜一定角度；打开取暖器，对两个锥形瓶同时进行照射（图 1-2-4）；每隔 10～15 min，记录两支温度计的度数，对比两个锥形瓶内的气温差异。

4. 结果、原理和思考

结果显而易见，经过取暖器照射，倒入碳酸饮料的锥形瓶内的气温要高于另外一瓶。

碳酸饮料含丰富的 CO_2，用来提取 CO_2 简单易得。用取暖器模拟太阳光照，黑色砂石料模拟地表环境。瓶塞与温度计的接缝处用热熔胶密封，以避免瓶内外气体交换带来热量损失。对温度计感温泡进行遮挡可以避免感温泡因受照射升温而高于实际气温。就这样，人工制造了一个相对密闭的微气候模型。

两个锥形瓶中原有的气体成分一致，其中一瓶在倒入碳酸饮料后瓶内气体的 CO_2 浓度更高。瓶内气温的变化取决于多个因素：取暖器的功率大小及照射时间的长短；照射引起的直接温度变化，玻璃将热传导至瓶内使气温升高；砂石料被照射增温，并散发长波辐射使气温升高；因玻璃本身具备较好的阻隔长波辐射穿透的性质而带来的热量聚集，从而使气温升

图 1-2-4 照射加热

高;液体蒸发吸收热量使气温降低;液体蒸发产生温室气体水蒸气使气温升高。在环境基本相同的情况下,两个瓶内的气温出现了明显的差异,那么造成两个瓶内气温区别的主要原因就在于 CO_2 浓度的高低。

通过这个简单的实验,我们可以直观地认识到 CO_2 排放量与气温的关系,也认识到影响气温的因素有很多。地球气候环境变化是一个极其复杂的过程。气候及其变化是由大气、海洋、固体地球、生物圈、行星空间运动和变化等共同作用而形成的。作为地球气候系统的重要组成部分,碳循环涉及碳及其化合物在大气、陆地、海洋等圈层之间及圈层内部的迁移转化。

2021 年的诺贝尔物理学奖被授予了美国科学家真锅淑郎(Syukuro Manabe)和德国科学家克劳斯·哈塞尔曼(Klaus Hasselmann),以表彰他们"建立地球气候的物理模型、量化其可变性并可靠地预测全球变暖,为我们理解复杂物理系统所做出的开创性贡献"。

5. 想一想,做一做

让我们试着改变变量:给其中一个锥形瓶内换上干燥的砂石料,不加水,另一个锥形瓶仍然倒入碳酸饮料,再做一次实验,并观察两者的气温及其差别。

人类从化石能源中汲取能量,文明飞速发展,科技不断进步,然而超量排放的 CO_2 已经对人类的生存造成了威胁。但是,人类显然还没有做好所有准备。我国的"双碳"目标是一场广泛而深刻的变革,不是轻轻松松就能实现的。让我们携起手来、珍爱地球、低碳环保、节能减排,使人与自然和谐共生!

参 考 文 献

[1] 庄国泰.气候变化前所未有 灾害防御未雨绸缪[N].人民日报,2021-08-20(10).

［2］《环球科学》杂志社,外研社科学出版工作室.2036,气候或将灾变:环境与能源新解[M].北京:外语教学与研究出版社,2016.

［3］2021—2030 地球科学发展战略研究组.2021—2030 地球科学发展战略:宜居地球的过去、现在与未来[M].北京:科学出版社,2021.

［4］陈锦.对温室效应模拟实验的商榷[J].化学教育,2008,29(10):61-62.

3 玩 转 火 箭

安徽省科学技术馆 朱纪玲

（推荐单位：安徽省科学技术协会）

说起"火箭"，大家一定不会感到陌生吧！每逢节假日，就有小朋友玩一种叫作冲天炮的烟花，它就是最原始的火箭。那么火箭是如何飞向天空的呢？同学们一定很好奇吧！接下来，珠珠姐姐将通过一系列的科学小实验，从不同角度让大家了解其中的奥秘(图 1-3-1)。

图 1-3-1 珠珠姐姐讲科学小实验

首先，让我们用力拍手，你会有什么感觉(图 1-3-2)？很疼吧！

用力拍手让我们感受到作用力和反作用力，火箭升空就是利用了作用力和反作用力。什么是作用力和反作用力呢？接下来，让我们一起做几个有趣的科学小实验吧！

3.1 推 椅 子

1. 准备材料

带轮子的转椅 2 把(本实验需要在水平光滑的地面进行)。

2. 实验步骤

(1) 两位体重差不多的演示者，面对面坐在椅子上。

图 1-3-2　鼓掌

（2）在两把椅子之间的地面上画一条竖直的线。

（3）两位演示者分别伸出双手，掌心相对（图 1-3-3），其中一位手臂弯曲，用力推对方。

图 1-3-3　推椅子（作用力和反作用力）

3. 实验结果

演示者和椅子一起分别向相反的方向移动,再观测两把椅子与地面直线间的距离,会发现两把椅子移动的距离相等。

4. 原理解答

实验反映了牛顿第三运动定律:相互作用的两个物体之间的作用力和反作用力总是大小相等,方向相反,作用在同一条直线上。

3.2 旋 转 木 马

1. 准备材料

可转动的椅子1把、强力吹风机2台。

2. 实验步骤

(1)演示者坐在椅子上,双脚悬空。

(2)双手各拿一台吹风机,出风口一台朝前、一台朝后。

(3)两臂伸直,同时启动吹风机(图1-3-4)。

图 1-3-4　旋转木马

3. 实验结果

吹风机启动后,演示者随椅子转动,并越转越快。

4. 原理解答

吹风机将空气从风口吹出后，自身受到反作用力。演示者两臂在反作用力的作用下，带动椅子旋转起来。

3.3　勇 往 直 前

1. 准备材料

气球 1 个、双面胶 1 卷、5 cm 长的塑料吸管（直径 2 mm）1 根、2 m 长表面光滑的笔直铁丝（直径 1~2 mm）1 根。

2. 实验步骤

（1）将气球吹大后，用手捏住气球出气口。

（2）将塑料吸管用双面胶粘贴在气球侧面。

（3）用铁丝穿过吸管，水平拉直铁丝（图 1-3-5）。

图 1-3-5　直线滑行的气球

3. 实验结果

松开气球出气口，气球会顺着铁丝朝另一端飞去。

4. 原理解答

松开手后,气球内的空气快速从出口喷出,气球自身受到喷出空气的反作用力,快速朝反方向飞出去。

3.4 锡纸小火箭

1. 准备材料

锡纸 1 张、火柴 1 根、小刀 1 把、蜡烛 1 根、回形针 1 个、护目镜 1 副。

2. 实验步骤

(1) 剪下火柴头。

(2) 将 5 cm 长的锡纸折成火箭形状,使火柴药位于火箭头的位置,将火箭尾部拧紧。

(3) 置回形针于桌面,将其一边拉开,使其与桌面成 45°角,作为火箭的发射架。

(4) 将回形针从火箭尾部插入到火柴中(应避免将火箭头捅破)。

(5) 戴上护目镜,点燃蜡烛,加热火箭头(图 1-3-6)。

图 1-3-6　一根火柴的力量

3. 实验结果

锡纸火箭里的火柴药被点燃后猛烈燃烧,火焰从火箭尾部快速喷出,锡纸火箭从发射架快速飞了出去。

4. 原理解答

锡纸里的火柴药被点燃后产生大量气体,并向后挤推回形针支架,锡纸获得反作用力后像火箭一样发射出去。

3.5　神奇的水火箭

1. 准备材料

饮料瓶 1 个、带螺纹的喷嘴(与饮料瓶口的螺纹能气密连接、喷嘴直径约 8 mm)1 个、发射架(带发射阀、打气接头、发射导轨、发射方向和角度调节装置、底座)1 套、带气压表的打气筒 1 个。

2. 实验步骤

(1) 在水火箭内装入约 1/3 容积的清水,将喷嘴后部连接水火箭瓶口并拧紧。

(2) 调节发射导轨到水平位置。

(3) 将水火箭的喷口水平插入发射阀。

(4) 将打气筒胶管与发射阀连接好。

(5) 将水火箭调节至前方无人的方向,发射角度调至向上 45°左右,使水火箭斜架在发射导轨上。

(6) 利用打气筒给水火箭打气,气压约 0.3 MPa。

(7) 最后,按压发射把手,火箭飞向天空(图 1-3-7)。

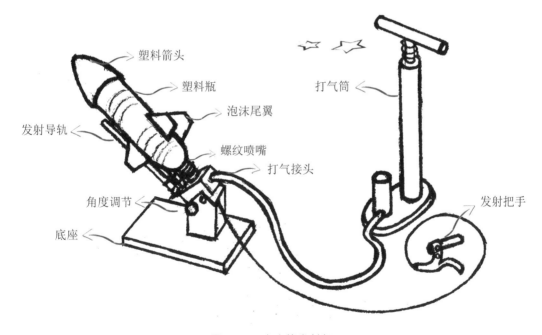

图 1-3-7　水火箭发射架

3. 实验结果

松开发射阀,水火箭内的清水在高压空气的推动下从喷嘴高速喷出,同时水火箭快速发射升空。

4. 原理解释

水火箭的原理和火箭相同,都是利用了作用力和反作用力大小相等,方向相反,作用在一条直线上的原理。稍有不同的是,火箭通过从尾部高速喷射燃烧气体获得反作用力,而水火箭是利用肚子里的高压空气将水从尾部喷嘴高速喷射出来,从而自身获得反作用力并飞向空中(图 1-3-8)。

图 1-3-8　腾飞的小火箭

在完成以上实验以后,请大家思考一下以下两个日常现象:

(1) 往后划水时船会往前移动。

(2) 用力推墙壁时自己会往后退。

它们是什么原理呢?

4 "星星之火"的奥秘

安徽省蚌埠市科学技术馆 王朝阳

（推荐单位：蚌埠市科技局）

"星星之火，可以燎原。"一百年前，浙江南湖红船的一点星火，最终照亮了中华民族复兴崛起的伟大征程。今天，我们在中国共产党的带领下正向着第二个百年目标奋勇前进。提升科学文明素养，启迪社会主义事业接班人，我们的实验主题是探究"星星之火"的奥秘。

4.1 蜡烛跷跷板

1. 实验道具

玻璃杯 2 只（可用其他物品代替）、点火器 1 个、长杆蜡烛 1 根、铁钉 1 枚、美工刀 1 把。

2. 实验步骤

（1）首先用美工刀将蜡烛的两端削成一样形状，并露出焰芯。

（2）对准蜡烛的中心位置，穿入铁钉（可适当加热铁钉，使其更容易穿透蜡烛）。

（3）将两个玻璃杯平行摆放，再将铁钉穿过的蜡烛置于两个玻璃杯中间，轻轻调整蜡烛位置，尽量使蜡烛保持平衡。

（4）用点火器分别点燃蜡烛两头，观察实验现象。

3. 实验现象

随着蜡烛燃烧，两端不断有滴蜡产生，蜡烛上下摆动起来，并且摆动的幅度会越来越大。燃烧的蜡烛就像跷跷板一样在玻璃杯之间上下摆动（图 1-4-1）。

4. 实验原理

通过仔细观察，我们不难发现，当蜡烛两端被点燃后，蜡烛燃烧的速度并不完全一致。刚开始时，蜡烛燃烧速度快的一端，蜡烛融化的速度快，所以蜡烛油滴落下来，减轻了这一端的重量，于是这一端高高翘起。此时，另一端蜡烛火焰与蜡烛之间的夹角变成锐角，蜡烛火焰迅速将蜡烛融化，蜡烛油加速滴落；原先翘起的一端由于火焰与蜡烛之间呈钝角，蜡烛火焰不易融化蜡烛，减重趋缓，直至这一端重量大于另一端，于是另外一端翘起来。如此反复，蜡烛自动地上下交替摆动起来，就像一个有趣的蜡烛跷跷板。

图 1-4-1　蜡烛跷跷板

4.2　火　焰　掌

1. 实验道具

一盆清水、洗洁精 1 瓶、丁烷气体(充气罐)1 罐、点火器 1 只、毛巾 1 条。

2. 实验步骤

(1) 将一只手放入清水中浸湿。

(2) 向清水中注入一定量的洗洁精。

(3) 再向水中注入丁烷气体,使水面产生大量泡沫。

(4) 使用湿润的手捧起水面上的一部分泡沫。

(5) 处于安全位置后,用点火器点燃手中的泡沫。

3. 实验现象

手掌上捧起的泡沫被点燃,在掌心处形成熊熊燃烧的火焰,如同练就绝世武功"火焰掌"一般(图 1-4-2)。而在燃烧结束后,手掌安全无恙,并没有被烧伤。

4. 实验原理

其实人人都能练就"火焰掌"。丁烷是一种可以燃烧的气体,在丁烷气体注入含一定量洗洁精的水里之后,由于气体的冲击导致水面出现很多充盈着丁烷气体的气泡。用浸湿的手捧起一堆含有丁烷气体的气泡时,一点它就着了。点燃的是带有丁烷气体的气泡,而手在经过充分浸湿与降温后,表面附着的一部分冷水可保护我们的手掌,所以短时间的燃烧并不会使我们的手受伤,最终呈现出"火焰掌"这一神奇的实验现象。

注:实验有风险,未经训练,请勿擅自模仿。

4.3　火　龙　卷

1. 实验道具

半圆柱形玻璃罩 2 片、燃烧皿 1 只、点火器 1 个、隔热手套 1 副、煤油 50 mL。

图 1-4-2　火焰掌

2. 实验步骤

（1）往燃烧皿中倒入适量煤油备用。

（2）将两片玻璃罩竖直放置在燃烧皿旁边。

（3）点燃燃烧皿内的煤油。

（4）戴上隔热手套，移动两片玻璃罩，将燃烧的火焰罩在中间。

（5）调整玻璃罩的摆放位置，使罩中火焰产生龙卷效果。

3. 实验现象

燃烧皿内的煤油正常燃烧时并不会出现龙卷效果，我们借助两片半圆柱形玻璃罩就可以使普通火焰变为火龙卷。两片玻璃罩将火焰罩在中心，但摆放时需注意在两边留出一定的空隙，才能使火焰变为壮丽的火龙卷（图 1-4-3）。

图 1-4-3　火龙卷

4. 实验原理

本实验主要是应用了"空气对流"。玻璃罩围住了火焰，但是有两道缝隙，空气可以由缝隙流入，形成螺旋状的气流。火焰燃烧，罩内空气受热后膨胀上升，外部空气从玻璃罩缝隙处流入，令罩内的空气一边旋转一边上升，从而形成火龙卷。

另外，由于火焰被局限在玻璃罩内，热量往四周散佚的程度较小，玻璃罩内部与外部的温差增加，空气对流速度越来越快，从而使得火焰更加炽热，形成的火龙卷也就更加壮观。

4.4 绚丽瓶中火

1. 实验道具

5000 mL 平底烧瓶 1 只、点火器 1 个、酒精 50 mL。

2. 实验步骤

（1）向平底烧瓶内倒入适量酒精。

（2）用手捂住瓶口，将烧瓶拿起并轻轻晃动。

（3）用点火器点燃瓶口处的气态酒精。

3. 实验现象

用点火器点燃瓶口处挥发出来的酒精，在瓶口产生的淡蓝色火焰迅速燃烧至瓶底（图 1-4-4）。整个燃烧过程迅速，在黑色背景下产生的效果更为壮观。燃烧完成后，烧瓶底部会留有一部分的水。

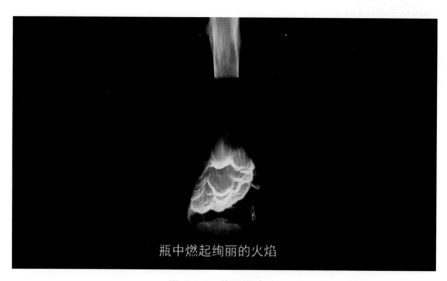

图 1-4-4 绚丽瓶中火

4. 实验原理

酒精即乙醇，在常温常压下易挥发。我们将酒精倒入大烧瓶内并进行晃动，目的就是增加酒精与空气的接触面积，从而加快酒精的挥发速度。酒精挥发后，大部分的酒精气体会留在瓶中。酒精易燃，气态酒精与空气混合后可形成爆炸性混合物，所以我们只需将火源放置在瓶口处就可以点燃整个烧瓶内的气体酒精。因为烧瓶瓶口较大且不封闭，所以即使酒精在瓶内迅速燃烧，也不会引起烧瓶爆炸。

酒精的燃烧反应是氧化反应。酒精完全燃烧时发出淡蓝色火焰，并生成二氧化碳和水蒸气。因此，在实验结束后我们可以观察到烧瓶底部留有一部分液体，即酒精充分燃烧后产生的水。

4.5 水火相容

1. 实验道具

5000 mL 平底烧瓶 1 只、烟花棒 1 根、点火器 1 个、约 5000 mL 水。

2. 实验步骤

（1）往平底烧瓶内倒入约 5000 mL 清水。

（2）用点火器将烟花棒点燃。

（3）将点燃的烟花棒伸入盛满清水的平底烧瓶中。

3. 实验现象

烟花棒点燃后产生绚丽的五彩火光，我们将烟花棒点燃的一段插入清水中，会发现烟花棒并没有熄灭，而是继续在水中冒着火光，并产生大量白烟，透过透明的烧瓶呈现出"水火相容"的奇妙景象（图 1-4-5）。

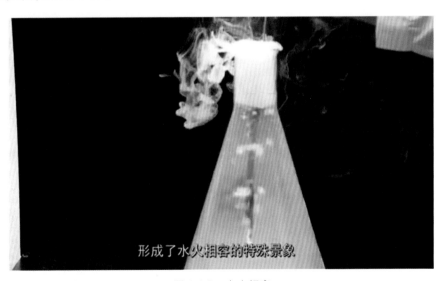

形成了水火相容的特殊景象

图 1-4-5 水火相容

4. 实验原理

物体燃烧需要三个要素：一是有可燃物，二是具有足够的温度，三是有助燃物（助燃物一般为我们熟悉的氧气）。烟花棒中含有一定量的可燃物和一定量的氧化物，氧化物可代替氧气作为助燃物。烟花棒中含有镁、铝、铁、钢等金属元素，这些金属元素用来制造明亮、闪烁的火花。

烟花棒外部有一层包装,可以隔绝水接触其内部的可燃物与氧化物。因此,如果点燃此类烟花棒,那么即使将它插入水中,也不会影响它的燃烧,并最终形成水火相容的奇妙景象。

4.6 燃烧钢丝棉

1. 实验道具
钢丝棉若干、点火器 1 个、防火毯 1 条。

2. 实验步骤
将钢丝棉加工成需要的形状和大小,并将其摆放在防火毯上。点燃钢丝棉的一端,即可观察到钢丝棉的燃烧现象。

3. 实验现象
钢丝棉缓慢燃烧,形成一种"星星之火"的蔓延趋势(图 1-4-6)。燃烧过程中会释放大量热量,须注意安全。

图 1-4-6 燃烧钢丝棉

4. 实验原理
大部分市面上购买到的钢丝棉,材质都为一种比较细的低碳钢。其燃点较低,故非常容易点燃。钢丝棉在燃烧过程中会因为高温而形成一种液态形式,所以我们可以观察到星星点点的光亮火星不断蔓延。

钢丝棉的燃烧较为危险,燃烧过程中可能会出现火星四射,存在安全隐患。因此,请在老师的指导下进行此类实验,并做好防护措施。

5　科学实验之水表计量

安徽省计量科学研究院　郑海燕

（推荐单位：安徽省市场监督管理局）

饮用冷水水表（以下简称水表），是一种以用途来命名的计量器具，其测量对象为水，测量结果为水的量，用于计量流经封闭管道中可饮用水的体积总量，广泛应用于自来水输送量的贸易结算计量。

水表作为自来水贸易结算的计量器具已有近 200 年的历史。随着人们对贸易结算公平性和水资源利用效率的要求日益提高，水表的技术性能得到不断提升和发展。近十几年来，得益于电子技术、传感器技术和信息技术的进步，水表的形式和性能发展迅猛，不仅在计量性能方面有了极大的提高，还在功能外延方面取得了极大的创新发展，比如与物联网技术的融合应用。水表正逐渐从传统的以计量为单一目的的机械式计量仪表演进为集计量与管理于一体的智能型仪表。

鉴于水表在维护贸易结算公平性方面的重要性，世界各国都把水表列入法制管理的范畴。《中华人民共和国计量法》规定，水表在制造环节实施型式批准制度，在使用环节实施强制检定制度。《水表检定规程》是水表制造企业和使用单位须要遵守的技术准则。

5.1　水表的原理及结构组成

最新国家标准中将水表定义为"在测量条件下，用于连续测量、记录和显示流经测量传感器的水体积的仪表"。该定义表明了水表的用途是测量水的体积，功能包括测量、记录和显示。与功能相对应，水表的基本结构包括测量传感器、计算器和指示装置。其中，测量传感器实现测量功能，计算器实现记录功能，指示装置实现显示功能。

当水流经水表的测量传感器时，测量传感器通过物理效应感测水的流速或体积，在转换成机械传动或电子信号后传送给计算器，计算器对接收的信号进行转换和运算，得到水量测量结果并传送给指示装置。水表可以根据功能和性能的需要加装辅助装置、修正装置和调整装置（图 1-5-1）。

5.2　水表的分类

为了便于直观理解，并结合行业惯例，水表可简单地分为三类。

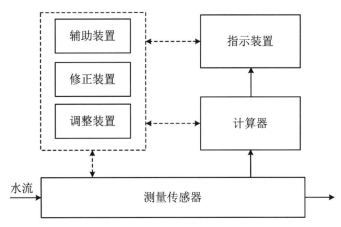

图 1-5-1 水表的组成

1. 机械式水表

机械式水表是指测量传感器、计算器和指示装置均为机械结构的水表(图 1-5-2)，通过机械元件的运动来实现流量的测量、记录和显示。机械式水表的主要差异在于测量传感器，根据测量传感器的不同，机械式水表又可细分为速度式水表和容积式水表两类。

2. 带电子装置的机械式水表

带电子装置的机械式水表是指在结构完整的机械式水表基础上加装了电子装置的水表。主要有 IC 卡水表和远传水表(图 1-5-3)。加装电子装置的目的通常是实现预定的管理功能，不改变机械式水表原有的计量性能。

3. 电子式水表

电子式水表又分为机械传感电子式水表和电子传感电子式水表(图 1-5-4)。

图 1-5-2 机械式水表

图 1-5-3 远传水表

图 1-5-4 超声波水表

5.3 水表检定

每一只入户安装的水表都必须由法定计量技术机构或授权的水表检定站进行检定,水表检定须依据现行有效的国家计量检定规程。

1. 准备工作

检定前根据被检水表的规格和型式选用合适的计量标准器和辅助设备,检查确认所用标准的标识、有效期。

检定介质应为公共饮用水或清洁的循环水,水中不应含有任何可能会损坏水表或影响水表工作的物质,且无气泡。

在检定环境下,根据水流方向将水表正确地安装在检测台上。

2. 外观、标志和封印

目测水表的外观,其结构是否完整,连接是否正确,新水表应外壳色泽均匀、无锈蚀,使用中和修理后的水表应无变形、无内涂层脱落、无结垢、无杂物、无破裂。

观察水表的标识,计量法制标志是计量器具合法性的身份标志,包括型式批准标志(CPA)和编号、出厂检验合格证。DN50 及以下水表必须在水表的显著位置永久性地标注型式批准标志和编号,以表明水表已获得合法的制造资格。

检查水表的保护装置和封印,并检查带电子装置水表的电子封印,必要时应将水表与专用读写设备连接,以检查水表的内置参数和测量结果是否符合规程的要求。

3. 电子装置功能

带电子装置的机械式水表和电子式水表为了满足更多管理要求,通常具有多种功能。这些功能应在使用说明书等随机文件中有详细说明,以指导用户使用。在检定过程中,应针对法制计量控制功能进行重点检查。例如,预付费水表一般需要检查机械和电子的重复指示功能以及预置控制功能,如果水表具备计价功能,那么还要检查费率控制功能,包括阶梯计费。又如,远传水表一般需要检查机械和电子的重复指示功能,这可以通过机电转换误差实验来实现。

4. 密封性

将水表安装在水压强度检测装置上,打开装置的管道阀门,先对水表通水,排除表内和装置管道内的空气,再关闭前、后阀门,然后在水表静止状态下缓慢平稳地升高实验水压,直到 1.6 倍最大允许压力,并在该压力下保持 1 min,观察水表是否渗漏或损坏。保压期间应确保压力为静水压,避免压力冲击,检测流量为 0 时表示密封性良好。

5. 示值误差

(1) 检定流量点

水表的检定流量点一般为最小流量 Q_1、分界流量 Q_2 和常用流量 Q_3。对于特定的水表而言,如果误差曲线偏离了典型曲线,水表的随机文件中标明了附加检定流量点,那么还应增加该检定流量点。

(2) 水表读数

图 1-5-5 所示的机械式水表的指示装置是由数字和指针组成的字轮式指示装置,其中黑

色字轮数字表示水量大于或等于1 m³,4个红色指针表示水量小于1 m³。在日常生活中,用水量只需读取黑色数字部分,红色指针用于计量检定用水量。

水表检定可采取人工读数、摄像拍照和信号采集的方式。检定时需对水表进行两次读数,在静止状态下一次读数的最大内插误差一般不超过检定标定分格的1/2,两次读数总的内插误差可达到1个检定标度分格,检定用水量(V_i)等于终止水量(V_t)减去初始水量(V_0)。

图 1-5-5　机械式水表指示装置

（3）启停法的检定过程

① 将水表安装在检定装置上。

② 在水表的额定流量范围内通水,排除表内和检定装置管道内的空气。

③ 保证水表上游进水阀处于完全打开状态,关闭水表下游的流量调节阀,使水完全停止流动,并使装置的计量标准器处于工作等待状态。

④ 水表处于静止状态,在指示装置不动时读取水表的数值。

⑤ 打开流量调节阀,调节流量到检定点流量值。

⑥ 在水表流过规定的检定用水量后关闭流量调节阀,使水完全停止流动。

⑦ 水表处于静止状态,在指示装置不动时读取水表的数值,并读取计量标准器的数值,容器内收集的水的体积就是流经水表的实际体积。可通过计算机软件直接读取标准值并计算示值误差。

⑧ 每个检定流量点一般检定一次。

（4）检定结果

当所有检定流量点的示值误差符合表1-5-1中规定的最大允许误差时,方可判定示值误差检定结果合格。

表 1-5-1　水表的最大允许误差

流量		低区	高区	
		$Q_1 \leqslant Q < Q_2$	$Q_2 \leqslant Q \leqslant Q_4$	
工作温度/℃		$0.1 \leqslant T_w \leqslant 50$	$0.1 \leqslant T_w \leqslant 30$	$30 < T_w \leqslant 50$
最大允许误差	1级	±3%	±1%	±2%
	2级	±5%	±2%	±3%

向检定合格的水表出具检定证书，公称通径在 DN25 及以下的水表可以只出具检定合格证，检定合格证应贴放在水表的醒目位置。

向检定不合格的水表发放检定结果通知书，已贴放检定合格证的水表应注销检定合格证。检定结果通知书须注明检定不合格项。

（5）检定周期

① 公称通径为 DN50 及以下且常用流量不大于 16 m³/h 的水表只在首次安装前进行强制检定，限期使用，到期轮换。公称通径不超过 DN25 的水表使用期限不超过 6 年，公称通径超过 DN25 但不超过 DN50 的水表使用期限不超过 4 年。

② 公称通径超过 DN50 或常用流量超过 16 m³/h 的水表的检定周期一般为 2 年。

随着公民法律意识和权利意识的不断增强，用水计量纠纷越来越多，用户在对水表的准确性存有疑问时，可以向自来水公司的相关部门或拨打供水服务热线反映情况。专业的计量人员应尽可能在使用现场对有疑问的水表进行使用中检查。如果条件不许可，则要拆下水表并送至实验室进行检测，应如实记录水表安装状况、水表污染情况，这将有助于分析产生计量纠纷的原因。

参 考 文 献

[1] GB/T 778.1—2018,饮用冷水水表和热水水表 第 1 部分:计量要求和技术要求[S].
     北京:中国标准出版社,2018.

[2] 赵建亮.饮用冷水水表[M].北京:中国标准出版社,2020.

6 一路小跑回家的茶树内生菌

安徽农业大学茶与食品科技学院 常慢慢

(推荐单位：安徽农业大学)

微生物是指个体难以用肉眼进行观察的一切微小生物体的统称。微生物广泛分布于人类生存环境中几乎所有的角落。很多人不知道的是，这些"小家伙"早已在人体和植物体内安了家。茶树是我国传统的经济作物，其体内同样孕育着众多的微生物，我们称之为茶树内生菌。为了让大家直观地一睹茶树内生菌的"庐山真面目"及其在茶树体内的分布情况，我们首先完成了茶树内生菌的分离和鉴定，然后利用分子手段对茶树内生菌进行绿色荧光蛋白(GFP)的标记改造，从而实现了茶树内生菌的可视化追踪。让我们一起开始吧！

6.1 茶树内生菌的分离

1. 实验材料

茶树品种"舒茶早""乌牛早""龙井 43""云抗 10 号"的体外组织培养苗。

2. 试剂配方

LB 液体培养基：胰蛋白胨(Tryptone)10 g、酵母提取物(Yeast extract)5 g、氯化钠 10 g、蒸馏水定容至 1000 mL；LB 固体培养基：在 LB 液体培养基基础上，另添加 3 g 琼脂即可。

3. 茶树内生菌的分离过程

在无菌条件下，将"舒茶早""乌牛早""龙井 43"和"云抗 10 号"的组培苗剪切成 5 mm×10 mm 碎片，斜插入 LB 固体培养基中，分别于 28 ℃倒置培养。培养 2～3 天后，在"舒茶早""乌牛早""龙井 43"和"云抗 10 号"的组织碎片周围均分泌出黄色内生菌。

6.2 茶树内生菌种属的鉴定

原核细胞的 16S rDNA 序列是一段非常保守的长度约为 1500 bp 的碱基序列，它不随微生物所处环境的变化而变化。因此，通过分析比较原核微生物物种间 16 S rDNA 的同源性，可以准确地揭示它们之间的亲缘关系和系统发育地位。该方法已成为细菌分类学研究中最常用的方法。参考相关文献中报道的细菌 16S rDNA 的常规引物序列，我们以从茶树中分离得到的内生菌基因组 DNA 为模板进行 16S rDNA 扩增，并将测序验证后的序列与美国国家生物技术信息中心(NCBI)已报道的 16S rDNA 进行比对，结果显示：从"舒茶早""乌牛早""龙井 43""云抗 10 号"中分离出的内生菌均与罗丹诺杆菌科藤黄杆菌属细菌的同源性约为 99%。结合对内生菌的形态学观察和革兰氏染色结果，我们最终证实分离出的茶树内生菌属于罗丹诺杆菌科藤黄杆菌属细菌,并将其命名为CsE7。

6.3 茶树内生菌的荧光标记改造

1. 茶树内生菌 CsE7 感受态的制备

将野生型茶树内生菌CsE7接种至100 mL新鲜的LB液体培养基中,在28 ℃、200 rpm/min震荡培养至OD$_{600}$值为0.6~0.8。取15 mL该菌液,经5000 rpm/min、4 ℃低温离心10 min,以收集菌体。用15 mL 10%甘油轻轻洗涤菌体4~5次,充分洗去菌体表面残留的培养基成分,最后用400 µL 10%甘油重悬菌体,即得内生菌CsE7的感受态细胞,并按200 µL/管进行分装备用。

2. GFP 标记内生菌的改造

(1) 外源质粒的转化和阳性菌株的筛选

取一管CsE7感受态细胞,向管中加入1~5 µg的pPROBE-pTet^r-TT质粒,轻轻吹打混匀。将混合液转移到事先用75%酒精和无菌水充分洗涤的电击杯中,并置于电击槽中进行电击转化。电击转化条件设置为:2.5 kV、5 ms。电击转化后,立即向转化液中加入1 mL无抗生素的LB液体培养基,在28 ℃、180 rpm/min震荡培养3 h后,经5000 rpm/min离心2 min,收集菌体,将收集的菌体用100 µL新鲜的LB液体培养基重悬。最后将重悬的菌液涂布在含有50 µg/mL四环素的固体LB平板上进行阳性转化菌株筛选,并将阳性菌株命名为CsE7-GFP。因为该质粒上存在一段编码绿色荧光蛋白(GFP)的氨基酸序列,所以转化成功的阳性菌株会在紫外光下呈现出绿色荧光状态(图1-6-1)。

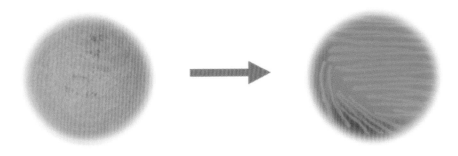

图 1-6-1 茶树内生菌的荧光标记改造

(2) CsE7-GFP 菌株的稳定性检测

由于微生物具有很强的环境适应性和逆境应对能力,在进行外源质粒转化的过程中,微生物往往会表现出很强的排斥行为,从而出现微生物在不断繁衍的过程中故意丢失外源质粒的现象。为了实现茶树内生菌在茶树体内长距离、长时间的监控和追踪,我们必须保证CsE7-GFP菌株的稳定性。因此,我们将上述经四环素抗性筛选过的阳性菌株重新接种到无抗生素选择压力的培养基上进行连续10代以上的继代培养,再接种到含有50 µg/mL四环素的固体LB平板上进行复筛,将复筛成功的菌株视为能稳定表达外源质粒的优良菌株,并作为后续接种实验的备用菌株CsE7-GFPs。

6.4　内生菌 CsE7-GFP$_S$的体外培养和接种

1. 茶树内生菌的体外培养

（1）固体培养基静置培养

用接种环蘸取备用菌株 CsE7-GFP$_S$菌落，在新的 LB 固体培养基上进行划线接种。在划线过程中，菌落浓度逐渐降低，直至细菌之间的间隙变大。在培养 16～20 h 后，可由一个细菌产生单菌落，菌落不会重叠。如果再将各个菌落分别接种至含有固体培养基的试管斜面上，在斜面上划线，那么每个斜面上的菌群就都是由一个细菌产生的后代。

（2）液体培养基震荡培养

在超净工作台中，将上述固体培养基培养出的内生菌 CsE7-GFP$_S$单菌落接种到 5 mL 新鲜的 LB 液体培养基中，在 28 ℃、200 rpm/min 的水平震荡摇床中进行 16～20 h 连续震荡培养。之后，在超净工作台中，吸取 100 μL 该菌液再次接种到 100 mL 新鲜的 LB 液体培养基中震荡培养至细菌的对数生长期，即 OD$_{600}$值为 0.6～0.8。

2. 茶树内生菌在茶籽苗中的接种

（1）接种菌液的预处理

取上述培养至对数生长期的 CsE7-GFP$_S$菌液并置于离心管中，经 5000 rpm/min 离心 15 min 后，弃去上清液并进行菌体收集。向离心管中加入适量蒸馏水重悬菌体，轻柔洗涤后再经离心弃除上清液。重复操作此步骤 3 次，充分洗去菌体表面的培养液和抗生素，以尽量避免其对接种实验产生影响。最后将菌体悬浮于蒸馏水中备用。

（2）茶籽苗的接种

取 6 棵在气候室培养条件下生长状态一致的 6 个月苗龄的"舒茶早"土培茶籽苗，并做好清水对照组和接种组标记，每组分别处理 3 棵茶籽苗。用移液器吸取内生菌悬液，沿茶籽苗根部周围进行浇灌接种，每棵茶籽苗接种 5 mL 菌液；以同样的方式接种蒸馏水至茶籽苗根部作为对照。将接种完成的茶籽苗重新放回气候室中进行正常培养。一周后取出，以同样的方法进行第二轮接种。所有茶籽苗均按照每周一次的接种频率连续接种两个月，共完成 8 轮接种。

6.5　追踪茶树体内的茶树内生菌

1. 实验准备

剪刀、镊子、刀片、滤纸、载玻片、盖玻片、移液器、烧杯、无菌水等。

2. 茶籽苗不同组织部位材料的样品制片

（1）茶籽苗叶片的组织样品制片

从温室中取出清水对照组的茶籽苗和菌液接种组的茶籽苗，用剪刀剪下两组茶籽苗的叶片，分别置于含有无菌水的烧杯中进行洗涤。取出后置于干燥的滤纸上，用刀片在茶籽苗叶片上切出 0.2 cm×0.5 cm 大小的组织片。用移液器吸取 5 μL 无菌水滴在载玻片上,再用镊子夹取组织片并放置于水滴上方,轻轻贴上盖玻片,排除气泡后用滤纸吸去多余水分,然后在载玻片的磨砂部位用记号笔标记样品名称,叶片组织样品制片完成。

（2）茶籽苗茎部的组织样品制片

用剪刀分别剪下两组茶籽苗的幼嫩茎段,清水洗涤后同样置于干燥滤纸上备用。用刀片沿着茎的横切面切出 0.2~0.5 mm 厚度的薄片,应尽可能保证切片的完整性。用移液器吸取 3 μL 无菌水滴在载玻片上,再用镊子夹取横切的茎部组织片并放置于水滴上方,轻轻贴上盖玻片,排除气泡后用滤纸吸去多余水分,然后在载玻片的磨砂部位用记号笔标记样品名称,茎部组织样品制片完成。

（3）茶籽苗根部的组织样品制片

将茶籽苗从土中拔出,在自来水下轻轻冲洗干净,用吸水纸吸取多余水分后置于干燥滤纸上备用。用刀片切下茶籽苗主根周围萌发的幼嫩根系,同样采用横切法进行切片制样。

3. 内生菌 CsE7-GFP$_S$ 在茶籽苗不同组织中的可视化追踪

实验使用的激光共聚焦显微镜为 Leica TCS SP8 共聚焦显微系统,在实验开始前先打开荧光通道,设置强度为 2.0。一切准备就绪后,将制好的载玻片倒置在激光共聚焦的载物台上,调整观察参数,在显微镜下的明场找到清晰可见的组织细胞后,再切换至荧光场进行微调观察,直至视野内出现荧光标记的内生菌时,再投射到计算机显示屏上进行拍照记录。试验结果如图 1-6-2 所示。在接种组的茶籽苗根部和茎部仅采集到少量的 GFP 荧光信号,在茶籽苗的叶片组织中可以采集到大量的 GFP 荧光信号,而清水对照组未检测到 GFP 荧光信号。这说明通过根部浇灌菌液的接种方式,茶树内生菌 CsE7-GFP$_S$ 不仅可以从根部进入到茶树体内,还实现了从根部向地上部分的移动,且优先定植在茶树叶片中。通过激光共聚焦显微镜观察发现,该菌株在茶树体内具有很好的移动性,就像是急着想要回家的小朋友,努力地朝着家的方向奔跑!

(a) 根   (b) 茎   (c) 叶

图 1-6-2　茶树内生菌在茶树根部、茎部和叶部的定植

参 考 文 献

［1］ Wei W,Yu Z,Chen F,et al. Isolation,Diversity,and Antimicrobial and Immunomodulatory Activities of Endophytic Actinobacteria From Tea Cultivars Zijuan and Yunkang-10［J］. Frontiers in Microbiology,2018(9):1304.

［2］ 谢志雄,陈向东,陈琪,等. 细菌感受态细胞摄取和分泌 DNA 的相关性研究［J］. 遗传,1999,21(1):23-25.

［3］ 金凯,张永军,罗志兵,等. 利用 GFP 表达系统检测球孢白僵菌侵染昆虫过程［J］. 菌物学报,2008,27(3):377-384.

［4］ Lin L,Guo W,Xing Y X,et al. The Actinobacterium Microbacterium sp. 16SH Accepts pBBR1-based pPROBE Vectors, forms Biofilms, Invades Roots, and Fixes N2 Associated with Micropropagated Sugarcane plants［J］. Applied Microbiology & Biotechnology,2012,93(3):1185-1195.

［5］ Wang Y Y,Yang X E,Zhang X C,et al. Improved Plant Growth and Zn Accumulation in Grains of Rice (Oryza sativa L.) by Inoculation of Endophytic Microbes Isolated from a Zn Hyperaccumulator, Sedum alfredii H. ［J］. Journal of Agricultural and Food Chemistry,2014,62(8):1783-1791.

7　甜甜彩虹塔

滁州市科学技术馆　林　玲

（推荐单位：滁州市科技局）

雨后的傍晚

丢失心爱钢笔的我低着头走在屋檐下

大豆般的雨点落在了我的头上

像是喝了一口苦茶到了心间

委屈的泪顺着脸颊流下

脚下一队蚂蚁路过

被飘落的叶子盖住了去处

我擦干眼泪帮忙移开树叶

仿佛也移走了心间的阴霾

抬起头的那一刻

看见了妈妈

也看到了彩虹

这一刻我尝到了心里的味道

是甜甜的……

颜色是通过眼、脑和我们的生活经验所产生的一种对光的视觉效应。颜色对人的心理和生理影响很大，不同的颜色会让人产生不一样的感受。白色给人的感觉是公正、纯洁、端庄、正直、简单；黑色给人的感觉是清廉、严肃、沉稳、神秘、寂静；红色给人的感觉是热烈、激情、吉祥、喜庆、豪放；绿色给人的感觉是希望、和平、安全、平静、和谐；橙色给人的感觉是快乐、青春、开朗、甜蜜、活跃；蓝色给人的感觉是典雅、安静、宽容、清新、轻快；紫色给人的感觉是高贵、梦幻、柔情、理想、婉约；黄色给人的感觉是温暖、尊贵、辉煌、忠诚、独立……

7.1　实　验　设　想

每个孩子的童年都是一座宝藏，儿时的彩虹带来了治愈感与美好。这一认知带给我灵感，也让本次实验承载了我对科学与美的希望与遐想。

实验可用来检验理论的正确性，是物理教学中不可或缺的重要部分，不仅有利于同学们学习重要的概念和规律，加深同学们对知识的理解和掌握，还能锻炼同学们的动手能力，提高同学们的科学探究能力，激发同学们的好奇心和求知欲。

接下来，将应用颜色实验来说明常温环境下水的密度分层现象。通过实验，我们小小的好奇心将得到极大满足，并在趣味学习物理知识的同时，获得有关美的沉浸式体验。让我们一起来一探究竟吧！

7.2　实验步骤

不同颜色的色素(紫色、红色、绿色、黄色、蓝色)、5只100 mL烧杯、水、塑料试管、滴管、白糖一袋(500 g)、量勺。

(1) 准备5杯等量的水。为了实验的完整性和美观程度，我们选用5只100 mL烧杯，并分别注入80 mL水。

(2) 用同一量勺满勺量取白糖，在5只烧杯中分别加入白糖0勺、2勺、4勺、6勺、8勺。

(3) 充分搅拌，制作5杯不同浓度的糖溶液。

(4) 在烧杯中分别加入不同颜色的色素：在第一杯不加白糖的水中加入紫色色素，在第二杯加了2勺白糖的水中加入红色色素，在第三杯加了4勺白糖的水中加入绿色色素，在第四杯加了6勺白糖的水中加入黄色色素，在第五杯加了8勺白糖的水中加入蓝色色素。用量勺充分搅拌，使色素与糖水充分混合，形成有颜色的糖溶液。

(5) 从糖浓度最高的蓝色烧杯开始，用滴管吸取溶液后，将蓝色糖溶液缓慢滴入到塑料试管中。操作过程中须保持滴管与塑料试管的洁净。

按照"蓝色→黄色→绿色→红色→紫色"这样的顺序依次进行。动作要轻缓。由于密度不同，不同浓度的糖溶液会出现分层现象，浓度高(密度大)的糖溶液比较重，沉在下层；浓度低(密度小)的糖溶液比较轻，浮在上层。

完成糖溶液滴入后，最下面的是蓝色糖溶液，8勺白糖的溶液浓度最高、密度最大；接着是6勺白糖的黄色糖溶液，黄色与蓝色连接处能够看到绿色，但这并不会影响实验的效果；然后是4勺白糖的绿色糖溶液；往上是2勺白糖的红色糖溶液，红色与绿色为对比色，分层的差异更加明显；最上面为紫色糖溶液。

7.3　实验原理

(1) 为什么几种颜色层次分明，不会混在一起呢？

在5杯80 mL水中分别加入了不等量的糖，调配出5份糖溶液。因为密度不同，所以会出现分层。但是，如果没有加入不同颜色的色素，那么也是看不出差异的。色素的使用，让不同浓度的糖溶液出现分层现象。

(2) 密度只能这样变？

不同浓度的同种溶液，其密度不同；不同种类的液体，其密度一般也不同。例如，油的密度比水小，所以我们可以在汤的表面看到一层薄薄的油。另外，即使是同一液体，由于温度或压力不同，也会产生密度变化。例如，水会随着温度变化发生热胀冷缩，4 ℃时，水的密度最大，会沉在下面，0 ℃的冰则会浮在上面，从而令水下生物在寒冬中得以生存。

7.4 知 识 拓 展

彩虹是各种色光组成的复合光。它的光谱是连续展现颜色的,其中最明显的就是红、橙、黄、绿、蓝、靛、紫这七种颜色。

除了有彩色以外,还有非彩色。非彩色包括黑色、白色,以及介于黑、白之间各种不同深浅的灰色。要确切地说明某一种颜色,就必须综合颜色的三项基本特征:色调、饱和度和明度,三者组成一个统一的视觉效果。

另外,色光的强度也会影响人们对某一频率光所呈现的颜色的反应。例如,暗的橙黄色被感受为褐色,暗的黄绿色被感受为橄榄绿,等等。因此,在各颜色分层中,色素集中的部分颜色会较深,色素颜色较浅的部分则更通透。

本实验既好看,又有趣;既简单易操作,又容易掌握其中的科学原理。最后,要提醒同学们,在平时学习和做实验的过程中,可一定要注意可行性和操作安全哦!

参 考 文 献

[1] 顾根水.初中物理测量液体密度方法的分类创新设计[J].学园,2020(5):5-6.
[2] 陈乃绮.游戏中的科学[M].太原:山西人民出版社,2018.

8 洪荒之力

池州市科学技术馆 徐惠芬 钱 琼

（推荐单位：池州市科技局）

说到大气压强，想必大家一定不陌生，大气压强简称为大气压或气压，是作用在单位面积上的大气压力。大气压就存在于我们的身边，时刻产生着神奇的"魔力"。

8.1 大气压在生活中随处可见

将塑料挂钩的吸盘贴在光滑的墙上可以挂东西，家里的玻璃茶几也是用吸盘固定茶几面的，这是因为吸盘与墙面或茶几面之间几乎可以看作真空，所以外界大气压把吸盘压在了墙上或茶几上。我们用吸管喝饮料时，口腔内的气压小于外界大气压，所以饮料能被我们吸入口中。人类的呼吸也要用到大气压强，呼吸是通过气体的压力差来实现的，吸气时肺内气压小于外界，气体入肺；呼气时肺内气压大于外界，气体出肺。气压对人体的健康也有一定的影响，低气压会造成大脑缺氧，还会使人出现头晕、头痛、恶心、呕吐和无力等症状。茶壶的盖上都有一个眼儿，以便和外界连通，只有壶内气压和外界大气压相等时，才能倒出水来。钢笔吸墨水时要用到大气压；化学实验室的滴管取液体时要用到大气压；护士打针，注射器吸取药液也要用到大气压；在生产中，人们还根据气压原理，制造出能将水从低处送到高处的抽水机。

8.2 大气压产生的原因

大气压产生的原因可以从不同的角度进行解释。中学课本中的解释是：空气受重力的作用，并且空气又有流动性，所以在各个方向都有压强。换句话说，就是空气靠地面或地面上的其他物体来支持它，这些支持着大气的物体和地面，自然会受到大气压的作用，物体单位面积上受到的大气压力，就是大气压强。我们还可以用分子运动的观点来进行解释，因为气体是由大量的做无规则运动的分子组成的，而这些分子必然与沉浸在空气中的物体不断地发生碰撞，每次碰撞气体分子都会给予物体表面一个冲击力，大量空气分子持续碰撞的结果就体现为大气对物体表面的压力，从而形成大气压。

1654年5月8日，德国马德堡市的市民们看到了一件令人既惊奇又困惑的事情：他们的市长奥托·格里克把两个直径约为37 cm的空心铜半球紧贴在一起，并用抽气机抽出球内的空气，然后用两队马向相反的方向拉两个半球。最终用了16匹马才将它们拉开，当马儿们用尽全力把两个半球最终拉开时，还发出了很大的响声。这就是著名的马德堡半球实验。

马德堡半球实验证明：大气压强是存在的，并且十分强大。实验中，将两个半球内的空气抽掉后，球内的气体分子的数量减少。球外的大气便把两个半球紧压在一起。抽掉的空气越多，半球所受的大气压力越大，两个半球越不容易分开。

8.3　大气压不但存在，而且十分强大

将两个马桶吸面对面对接好并排气后，用力拉它们，却半天都拉不开，这是因为马桶吸中间的空气被挤了出去，外面的大气压紧紧地将它们压在了一起（图1-8-1）。马桶吸没有吸在一起前，马桶吸的外部压力等于其内部压力，即等于大气压；但是当两个马桶吸吸在一起时，外部压力大于其内部压力，就好像大气压压住了两个马桶吸，所以我们要用很大的力才能拉开它们。这个实验和马德堡半球实验一样，都能证明大气压是存在的，而且十分强大。

图 1-8-1　大气压存在验证实验

如今，人们仍可以在慕尼黑的德意志博物馆里看到当初的实验设备——两个半球。为了纪念这位市长，马德堡市民众在老市政厅旁的小广场上竖立了他的雕像。

8.4　这股强大的洪荒之力能够"翻云"

在瓶子里装些液体，然后用打气筒往里面打气，不一会儿，"云"就出来了。原来瓶子里面装的可不是普通的水，而是无水乙醇，即纯酒精。当我们往瓶里面打气的时候，瓶内气压会上升，温度也会上升；当我们拔掉气筒的时候，气压迅速下降，温度也会迅速下降，于是无水乙醇就会液化成小水珠，也就是大家看到的白气。我们先往玻璃瓶内打气，再迅速拔掉气筒，于是瓶内的气体会推开瓶盖，我们就可以看到白雾。当瓶内气体对瓶盖做功时，内能减少，温度降低，所以酒精蒸气就会发生液化并形成白雾。

8.5　这股强大的洪荒之力能够"覆雨"

将一根吸管放入装满水的量筒中,接着用吹风机吹吸管,这样你就能身临其境地体验到一场室内雨。这个实验利用了伯努利原理,气流速度快的地方气压比较低,流体会往气压低的地方流动,所以水自然就流出来了(图1-8-2)。

图 1-8-2　伯努利原理

丹尼尔·伯努利在1726年提出了伯努利原理,其理论实质是流体的机械能守恒,即动能＋重力势能＋压力势能＝常数。由此还产生一个著名的推论:等高流动时,流速大,压力就小。这在水力学和应用流体力学中有着广泛的应用。因为它是有限关系式,人们常用它来代替运动微分方程,所以它在流体力学的理论研究中有非常重要的意义。

8.6　看到大气压的压力和压强

将一张纸巾平铺在玻璃板上,然后往上面倒水,以便让纸巾紧贴在玻璃板上,从而排掉里面的空气,还可以用一根玻璃棒在纸巾上滚一遍,这样能够将空气排得更干净一些。接下来将一张纸巾揉成团,并蘸取一点酒精,将其点燃后放至玻璃板的正中间,再将高脚杯倒扣上去,这样杯内的氧气会被消耗掉,于是杯子里面的气压就比外界的气压小,所以杯子和玻璃板被紧紧地压在了一起,在玻璃板的四角摆上四瓶矿泉水,用这只高脚杯可以成功地提起这四瓶水(图1-8-3)。其实,它还能承受更大的力,我们可以直接加到八瓶矿泉水。正常情况下,杯口和玻璃板之间存在空隙,杯内和外界是连通的,大气压相同,当玻璃板上有沾了水的纸巾时,水的表面张力会把杯口和玻璃板间的空隙填满,将杯内和外界隔绝开,纸团在杯内燃烧,会消耗氧气,导致杯内有限的氧气减少、压强变小,于是杯外较大的大气压强就会把杯子紧紧地压在玻璃上,同时因为水的表面张力使得纸巾和玻璃紧贴在一起,所以当你提起杯子时,矿泉水就被一起提起来了。

图 1-8-3　大气压的压力和压强

8.7　这个洪荒之力,还和地球的引力有关

引力是质量的固有本质之一,任意两个物体之间都会互相吸引。虽然引力的本质仍有待研究,但人们早已发现它的存在和作用。接近地球的物体,无一例外地会被吸引向地球质心,因为地球表面的任何物体与地球本身的质量相比,都是微不足道的。

地球对所有的事物都有一定的吸引力,大气被地球吸引,从而产生压力,所以大气压强就是地球引力作用的直接体现。

物体之间都是相互吸引的,我们可以理解为万有引力,因为质量大的物体,都会吸引一些质量小的物体,使其向自己靠拢。同理,一些微小的物体,会主动靠近一些较大的物体,这就是我们所说的万有引力。你看,生活中随处可见的小物件都能让我们感受到这强大的洪荒之力。

科学探究的道路是无止境的,我们唯有始终秉承“路漫漫其修远兮,吾将上下而求索”的精神,不断研究、探索,才能在未来求知的路上越走越宽。

参 考 文 献

[1]　吴望一.中国大百科全书:74 卷[M].2 版.北京:中国大百科全书出版社,2009.

[2]　陆成宽.是谁给了宇宙膨胀一个加速度[N].科技日报,2019-01-17(04).

9 结构光三维成像

安徽大学物理与光电工程学院 张 磊

（推荐单位：安徽大学）

3D 成像技术，不仅要获得物体的平面二维尺寸信息，还要获得远近深度的信息，从而构成三维成像效果。与二维图像信息相比，三维形貌能够提供更丰富、更细节的信息，从而更全面、更真实地描述三维场景属性。随着科技水平的不断发展，3D 成像技术受到了广大科研人员越来越多的关注，尤其是在精密制造、医疗卫生和国防军事等领域，如何快速、精确和完整地获取物体的三维形貌数据以保障元器件功能、表面质量和客观描述物体形态，正成为人们日益关注和研究的热点及难点。3D 成像的大致原理和过程是怎样的呢？

首先请大家观察图 1-9-1(a)，并判断 A、B 两点到大家的距离谁远谁近，从这张二维平面照片中根本无法判断。请大家再看图 1-9-1(b)中同样的部分，凭借多年观察空间立体物体的经验，我们肯定会得出 B 点更近。换句话说，我们在二维照片中需要靠经验来获取三维中的远近信息。这告诉我们一个简单的道理：单个相机是不能获得三维立体远近信息的，因为无论多远和多近的物体都会被它拍摄到一张二维照片上。也就是说，当你捂住一只眼睛的时候，你的另外一只眼睛是不能分辨远近信息的，远近的概念是由你的大脑皮层通过多年经验分析得到的。

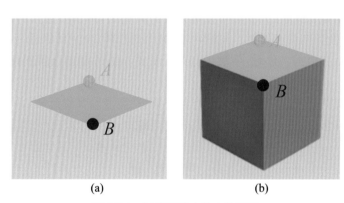

(a)　　　　　　　　(b)

图 1-9-1　二维图像中的立体远近

这是为什么呢？让我们先回顾一下双目立体视觉的原理。如图 1-9-2(a)所示，当我们捂住一只眼睛时，P、Q 两点和瞳孔中心的连线在一条直线上，我们会发现 P、Q 两点以及它中间的所有点在视网膜上的成像都在同一点上，即我们无法判断 P 点和 Q 点的空间坐标信息。那么当我们多了一只眼睛的时候，我们会发现 P、Q 两点在我们的另外一只眼的视网膜上的成像一定是在不同的两点上，如图 1-9-2(b)所示。通过双眼的视差就能获取远近的立体信息了。那么这个世界上是否存在一只眼睛（也就是单目）也能获得立体信息的例子呢？难道单目真的无法实现 3D 成像吗？

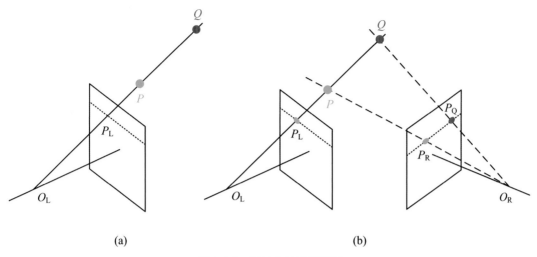

(a)　　　　　　　　　　　　　(b)

图 1-9-2　双目立体视觉原理

2018 年美国苹果公司在其发布的 iPhone X 手机中率先使用了 3D 人脸识别功能，其利用单个红外相机进行了人脸三维成像，但是在相机的右侧还存在一个叫作点阵投射器（dot projector）的装置，其可以向空间投射大量红外散斑，利用红外相机获取散斑受人脸调制的状态来实现三维成像。这种散斑就是结构光。

9.1　原　　理

结构光种类繁多，是研究领域的一大热点，也是上述红外散斑的一种类型。这里我们介绍一种最基本的结构光图像：正弦结构光。结构光成像技术采用了单目视觉，但是增加了另外的主动结构光投射装置，这些装置简单易得，如商业化的 DLP 投影仪。图 1-9-3 所示为结构光成像系统，将计算机生成的正弦条纹图像通过投影仪投射至成像物体，条纹受待测物面形调制而扭曲，通过单目视觉的摄像系统采集变形条纹，而结构光的弯曲状态和物体深度具有明显的关联性，经过相关算法解算即可得出物体的高度信息。图 1-9-4 所示便是一般结构光成像系统的最基本组成结构和相关图像获取情况。

9.2　方　　法

如何从拍摄到的扭曲结构光图像中获取被测物体的深度信息呢？这里的正弦结构光与我们在光学课上见到的干涉条纹几乎一模一样。因此，让我们回忆一下干涉图的产生机制。以经典的泰曼格林激光干涉仪为例，如图 1-9-5 所示，在干涉仪中，参考平板和被测面反射的光波发生干涉，其中干涉图的扭曲程度（或称强度分布）就能反映被测面的表面形状，那么如何定量地表述它们之间的关系呢？我们可以找出一个"中间人"——波前相位 ϕ，很明显这

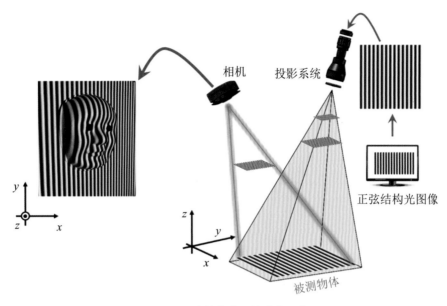

图 1-9-3　正弦结构光三维成像示意图

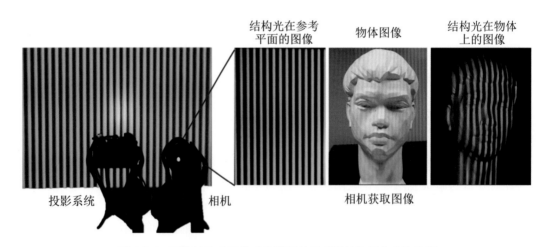

图 1-9-4　正弦结构光三维成像系统的基础结构和图像获取情况

个波前相位(或称相位差 ϕ)和被测面形状具有正相关关系,而该相位与条纹扭曲程度之间也有着清晰的数学关系: $I=A+B\cos\phi$。因此,我们就建立了形状与条纹强度分布状态之间的关系,而这一关系在结构光成像中仍然适用,所以我们可以做类似的联想。

注:这个相位并非直接被感知,而是隐藏在干涉条纹强度中,这个概念叫作相位调制。

有调制就有解调,即从条纹强度分布中解出相位 ϕ,进而推算形状深度。现在这个问题貌似变得非常简单,就是从这个干涉图的强度分布 $I=A+B\cos\phi$ 中解出相位 ϕ。但是,这里的 A、B 和 ϕ 一样都是未知数,也就是说,这一个方程里面有 3 个未知数。我们知道,即使是最简单的初等线性方程,在没有先验知识的情况下,至少需要 3 个关系式才能解出 3 个未知数。虽然相位解调的任务可以通过相机获取的上述单幅图像的傅里叶变换方法来完成,但

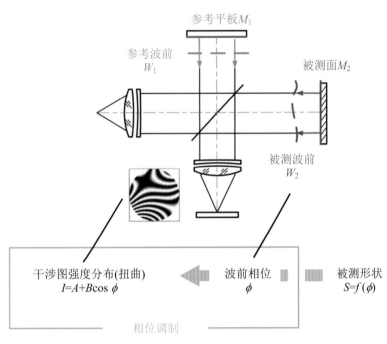

参考平板M_1

参考波前
W_1

被测面M_2

被测波前
W_2

干涉图强度分布(扭曲)
$I=A+B\cos\phi$

波前相位
ϕ

被测形状
$S=f(\phi)$

相位调制

图 1-9-5　传统干涉仪中被测形状与干涉条纹的关系

是精度受限。因此,需要做多次测量,构造多个新的方程来进行方程的求解。新构造的方程与原方程相比需要有参数变化,并且这个变化应当是已知的,如果引入未知的参量变化,那么新方程就失去意义。回忆一下我们在光学干涉中学到的一个概念:当干涉图移动一个条纹的时候,其包含的相位 ϕ 就变化了 2π。恰好可以据此来构造新方程,当然新的方程相位并不能真的变化一个周期 2π,否则新方程与旧方程无异。如图 1-9-6 所示,我们可以让计算机构造一个原正弦条纹图平移 1/4 周期后的新图像进行投影,这个过程可以进行 4 次,即投影并采集 4 幅结构光图像,图像之间的相位相差 1/4 周期(即 $\pi/2$)。因此便可以构造出 4 个方程,从中可以解出相位 ϕ。这便是著名的四步移相过程。

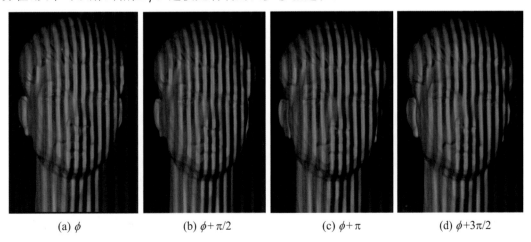

(a) ϕ　　　　(b) $\phi+\pi/2$　　　　(c) $\phi+\pi$　　　　(d) $\phi+3\pi/2$

图 1-9-6　四步移相结构光图像

然后,利用 4 幅相差 1/4 个波长相位的干涉图提取整幅图相位,即解下列方程:

$$\left.\begin{array}{l} I_1 = a + b\cos\phi \\ I_2 = a + b\cos(\phi + \pi/2) \\ I_3 = a + b\cos(\phi + \pi) \\ I_4 = a + b\cos(\phi + 3\pi/2) \end{array}\right\} \Rightarrow \left.\begin{array}{l} I_1 = a + b\cos\phi \\ I_2 = a - b\sin\phi \\ I_3 = a - b\cos\phi \\ I_4 = a + b\sin\phi \end{array}\right\} \Rightarrow \phi = a\tan\left(\frac{I_4 - I_2}{I_1 - I_3}\right)$$

通过 CCD 相机获取 4 幅图像,利用四步移相算法解出 ϕ。应当注意,我们对放置在参考面上的物体图像进行了上述相位求取,还需要对参考面同样进行一次相位求取,两者的差值才能表征物体相位与参考面相位之间的差别,才能最终求取物体相对参考面的高度(深度)。但是,经过上述处理之后并不能直接看到 3D 成像效果,如图 1-9-7 所示。

图 1-9-7 初步的三维图像

这是因为上述公式解出的 ϕ 被困在了反正切函数的值域 $(-\pi/2, \pi/2)$ 之内(某些程序运算可以放大到 $(-\pi, \pi)$)。图 1-9-8(a)所示的相位就像是一件衣服,而反正切函数的值域就好比是一个箱子,相位这件"衣服"在折叠以后被箱子包裹住了,这个现象被称为相位包裹。解开这一包裹来恢复相位本来的样子,其关键就在于找出衣服上所有的折叠点,可以取相位中相邻两点的值作差,如图 1-9-8(b)所示,在没有相位折叠的地方,其相邻点差值必然小于上下值域的差值 2π,当相邻两点在折叠位置左右,其差值必然接近 2π。例如,我们可以取阈值为 1.8π,如果相邻点差值的绝对值大于阈值,那么我们就有理由相信相位在此处发生了一次折叠,所以需要将此点及其后面的所有点加上或减去 2π 以消除折叠。当上述方法遍历整幅相位图像后即可消除所有折叠,即完成了解包裹的操作,从而恢复出整体连续的相位。

实际操作中,需要投影光机连续投射 4 幅结构光图像,并由相机做同步采集。因此,首先考虑的是结构光投射帧率,即每幅图像投射后的显示时间和间隔时间。从理论上说,为了防止成像物体抖动,投射帧率越大越好。但为了资源利用最大化,可对测量要求和硬件条件进行综合考虑。结构光的投射帧率通常会设置为小于 CCD 相机的帧率,否则后续相机容易漏掉其中的部分图片。例如,对于 14fps 的 CCD 相机来说,投影光机的投射显示时间和间隔时间可分别设置为 50 ms。其次,要进行 CCD 相机的采集模式设置(包括触发源和触发状态),一般情况下,相机处于实时采集状态,但因为上述投影光机的投影帧率相对较高,手动保存图片并不现实,所以需要在投影光机和相机之间实现即时通信。当投影光机投射一幅结构光图像时,便向 CCD 相机发出高电平信号。CCD 相机的触发源和触发状态设置完成后,相当于告诉相机现在只有收到外部电平上升沿触发命令时才能采集图像。因此,此时相

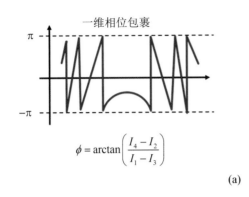
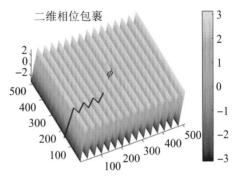

$$\phi = \arctan\left(\frac{I_4 - I_2}{I_1 - I_3}\right)$$

(a)

(b)

图 1-9-8　相位包裹与解包裹示意图

机的实时采集状态终止，进入等待触发命令状态。当我们按下结构光投射按钮时，随着 4 幅结构光图像的投射，相机接到命令并完成同步采集。最终从 CCD 获取的所有图像的信息经过上述运算即可得到 3D 成像的轮廓，如图 1-9-9 所示。当然，这只是物体的相位，要达到精确的三维高度图像，还需要通过系统参数标定来完成相位到高度的转换，以上便是 3D 结构光成像的整个过程。

图 1-9-9　三维成像结果

参 考 文 献

［1］　唐巍,叶东.三维视觉测量系统[J].红外与激光工程,2008,37(S1):328-332.

［2］　张宗华,刘巍,刘国栋,等.三维视觉测量技术及应用进展[J].中国图象图形学报,2021,26(6):1483-1502.

第 2 篇

安徽省科普讲解大赛获奖作品

1　破译亿万年的生物密码：化石修复

安徽省自然资源厅　刘阳阳

（推荐单位：安徽省自然资源厅）

　　2亿多年前的汪洋大海里，一条巢湖鱼龙妈妈正在产崽，因为难产，抑或是因为外界的恶劣环境，它和它的孩子们在这一刻失去了宝贵的生命。今天，它们被陈列在博物馆的展柜里（图 2-1-1），仿佛在向人们讲述着一段远古时代的故事。

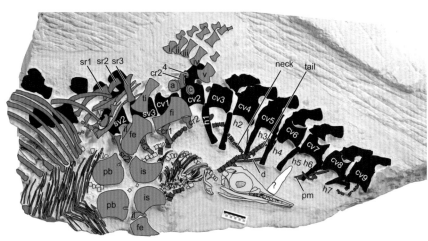

图 2-1-1　鱼龙妈妈化石标本

　　这是鱼龙妈妈化石的彩色线描图：红色部分是一只已经分娩出去的小鱼龙，橙色的仍在母体内，黄色的是正在向外分娩的小鱼龙。也许你会有这样的疑问：它们是如何跨越亿万年并进入博物馆的呢？接下来就让我带你一起了解化石和它们背后的故事。

地球上的绝大多数生物在死亡后会分解消失，但也有一些生物遗体或遗迹，特别是其中的硬体部分，会在特定的环境下逐渐石化，形成化石(图 2-1-2)，历经沧桑并留存下来。

图 2-1-2 化石形成

大多数情况下，化石会被包裹在岩石中。拿到一块原石(图 2-1-3)，可以先观察它的侧面，具有一定结构且颜色较深的部分可能就是化石。

图 2-1-3 化石原石

修复化石需要用到不同的工具:錾子是原始的手动修复工具,主要用于剥离大块岩石(图 2-1-4);在接下来的细致修理环节中,需要在显微镜下使用气动风刻笔(图 2-1-5),气动风刻笔的一端连接空气压缩机,另一端的钻头在高压空气的驱动下前后振动,以剥离岩石;像牙齿、头骨等重要且脆弱的地方主要使用手动剔针(图 2-1-6),这是化石精修不可或缺的一步。

图 2-1-4　原始手动修复工具——錾子

图 2-1-5　气动风刻笔

图 2-1-6 手动剔针修复

　　这件分娩的鱼龙妈妈化石体型较小，部分骨骼微细、排列紧密(图 2-1-7)，修复难度大，它的修复和研究揭示了鱼龙繁殖的奥秘，并将鱼龙胎生记录向前推进了约 1000 万年。这一件鱼龙化石是由我馆科研人员发掘的，并命名为"柔腕短吻龙"。经过近一年的修复，它短小的吻部、柔软的腕部逐渐展露。

图 2-1-7 鱼龙妈妈化石(局部)

　　研究认为，柔腕短吻龙既能在海里生活，又能短暂回到陆地(图 2-1-8)，它正是科学家一直寻找的从陆生爬行动物向海生爬行动物演化的重要证据。

图 2-1-8　柔腕短吻龙

近年来,CT 技术成功应用于化石修复和研究。通过 CT 扫描,科研人员发现柔腕短吻龙长有原始牙齿结构(图 2-1-9),从而进一步深化了对它生活习性的了解。

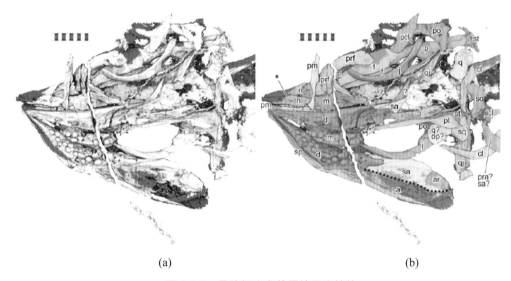

(a)　　　　　　　　　　　　(b)

图 2-1-9　柔腕短吻龙的原始牙齿结构

化石能帮助人类破译亿万年前的生命密码,还原生物的原有面貌,保护化石是每个公民的责任。

百年复兴路,科学正当时。我国的古生物学研究已跨入世界先进行列。新时代,我们正在向世界科技强国进军,相信古生物学研究也一定会带来更多的惊喜!

2 "肚子"里的大学问

安徽省濉溪县融媒体中心 刘文静

（推荐单位：安徽省地震局）

想了解地球的"肚子"里到底有什么，还要先从地球的"皮肤病"说起。地壳的平均厚度才 17 km，就算地壳最厚的地方——青藏高原，厚达 70 km，但是跟整个地球的半径相比，地壳充其量就算是个"皮肤"吧，因此称地震是地球的"皮肤病"也就再合适不过了！

2.1 地球"肚子"上的"皮肤病"

想要了解地球的"肚子"里到底有什么，就要先弄清楚地球的"皮肤病"。地震这个"皮肤病"对人类的影响可了不得。地震的破坏力主要来自地震波的作用，地震波其实是一个"团伙"，它们组团作案，并不是单打独斗。科学家大致把对人类有直接危害的地震波分为纵波（P 波）、横波（S 波），以及由纵波和横波结合而生的面波。

1. P 波

P 波"跑"得快，可以穿透任何物质。它在水中的速度为 1450 m/s，在花岗岩中的速度约为 5000 m/s。

2. S 波

S 波"跑"得慢，只能在固体物质里传播，不能穿过液体介质。如果 P 波和 S 波"赛跑"，那么 P 波比 S 波快 1.7 倍。

3. 面波

面波兼具 P 波和 S 波的一些特点，它穿透地球的能力不大，只能在地球表面传播，地面以下就会迅速减弱、消失，但是它却是地震时导致高楼大厦倒塌的"罪魁祸首"。

4. "皮肤病"的危害

地震波个性十足，威力巨大，堪比"隐形人"在地球"肚子"里横冲直撞、各显神通，甚至会穿越到地球另一端。S 波遇"水"（液体介质）绕路；P 波勇往直前，遇"山"（固体介质）过"山"，逢"水"过"河"。科学家抓住地震波的这些特点，通过地震波来"猜"地球"肚子"里的"五脏六腑"。

2.2 地球的"肚子"里有什么

"如果对地球内部结构做个形象的比喻，那么它就像一个鸡蛋，地核（包括内核和外核）相当于蛋黄，地幔相当于蛋白，地壳相当于蛋壳。"相信大家对这段话不会陌生。那么地球的

"肚子"里到底有什么呢?

1. "肚子"里的猜想

20世纪苏联的"科拉超深钻孔计划"、德国的"德国大陆深钻计划(KTB)",还有美国在墨西哥附近的太平洋下进行的浅层地壳钻孔,都是为了研究地球的"肚子"。

最典型的"透视"地球的方法是20世纪30年代出现的"地震层析成像",它与医院诊断病人用的CT有异曲同工之处,使用专业的仪器对地球进行CT扫描。还有最近十几年出现的"地震背景噪声成像"法,使用地震仪记录地球日常活动,摘取有用信息来"猜"地球。

在地震波的帮助下,科学家利用各种监测手段,逐渐"看清楚"了地球的内部结构,知道除了地球的"皮肤"地壳以外,它的"肚子"里还有滚烫的地幔和地核,还知道地核有固态和液态两种。

2. "肚子"里的新发现

在仔细研究地震波在地球"肚子"里"行走"的情况后,科学家发现,地核和地壳之间的地幔厚度将近2900 km,主要由致密的造岩物质构成,这是地球内部体积和质量最大的一层,它的物质组成具有过渡性(图2-2-1)。地幔可分成上地幔和下地幔两层。大部分科学家认为,靠近地壳的部分是类似沥青一样的软流层,主要是硅酸盐类物质;靠近地核部分的地幔,跟地核的组成物质比较接近,主要是铁、镍金属氧化物。

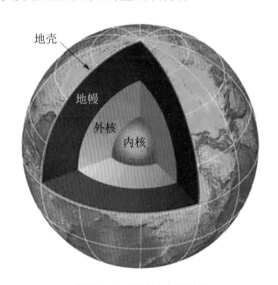

图 2-2-1　地球的内部结构

(图片来源:中国科学院测量与地球物理研究所)

地核与地幔的分界面大约在地面以下5150 km处。地核有内、外之分,地震波中的S波没法穿过外核,所以认为外核是由铁、镍、硅等物质构成的类似液体状态的物质。这样的液态外核会缓慢流动,所以有人推测这就是地球磁场的形成原因。P波能穿透内核,根据它的特性,大致判断内核可能是固态的。据说,内核主要由铁和镍组成。但究竟是什么东西,还有待进一步探索、证明。此外,内核、外核也不是截然分开的。有的科学家认为,在内核与外核之间,还存在一个不大不小的"过渡层",深度在地下4980~5120 km。地核的密度很大,即使是最坚硬的金刚石，也会在这里被压得像黄油一样软。

地球的"肚子"跟人类一样，也是有温度的，不同的是，地球"肚子"里的温度是随着深度增加而上升的。地下100 km深处的温度已达1300 ℃，300 km深处的温度是2000 ℃。据估计，地核边缘的温度约为4000 ℃，地心的温度高达5500～6000 ℃。

事实上，用"CT"看地球"肚子"的方法并不完美，于是科学家又想出了新招。中微子探测可以说是当下最时髦的探测技术了。中微子有个特点，它的"意志"比较坚定，不轻易被"别人"左右，即它跟其他物质的相互作用很微弱，它"走过"的线路不会变化，它的运动轨迹不会改变。因此，科学家可以根据中微子穿透地球时被地球吸收的程度来推测地球的内部结构。科学家惊奇地发现，地球"肚子"深处竟然都是水！

2.3 "肚子"里的"水"

地球深部的水并不像我们看到的地球表面的液态、气态或固态的水，而是以水分子形式存在的结构水，包括OH^-、H^+等与H有关的缺陷水(图2-2-2)，其载体可以是矿物、熔体和流体等。学界之所以将各种含H相都泛称为"水"，这是由于H一旦活动，在条件合适的时候，就易于和地球上广泛存在的O结合成水。例如，科学家通过对天然样品的分析和高温高压实验的观测发现，地球深部的矿物含有主要以OH缺陷形式存在的结构水，即H会跟矿物中的O结合。

研究人员试图通过分析H在高压和高温下的行为，模拟在地幔和地核边界的H和周围的物质会发生什么变化。

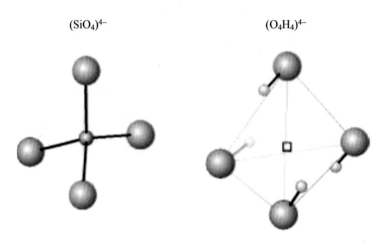

图 2-2-2 矿物的结构缺陷中水的形式

1. 水在"肚子"里的形成条件

科学家通过研究发现，水在地核的形成条件下具有很强的偏铁性。铁是地核的主要成分之一，偏铁性就是更容易和含铁物质结合在一起。例如，实验表明，氢元素在地核中可以以铁的氢化物(FeH_x)形式稳定存在。在当前的核幔边界条件下，氢气(H_2)和水更喜欢待在地核中,而不是硅酸盐(Si_xO_y)熔体(地幔的主要成分)中。这也意味着,任何保存在基性岩浆中的水都更倾向于分配到地核中。

任何通过俯冲作用(两个板块碰撞时,密度大的会下沉到地幔中,促进地表和地下的物质交换)添加到地幔最深处的水,现在也有分裂进入地核的趋势,要么直接进入地核,要么与液态铁反应形成氧化铁,释放出的 H_2 进入地核。

2. "肚子"里的大水库

由此,科学家认为:地核可能是一个巨大的水库,可能包含了地球的大部分水。这一发现也可以解释为什么我们所测量的地球外核地震波速度大幅度降低、S 波速度突然降为 0。

3. "肚子"里的"隐形海洋"

此外,之前科学家也发现了地幔中存在大量的结构水。研究发现,在地幔转换带(地球内部 410～660 km 深处)可能存在一个 3 倍于地表海洋总水量的"隐形海洋"。在地幔各层圈中,过渡带和下地幔上部含水量最高,大约占地幔总水量的 74%,与海洋水相比,地幔总水量约为海洋的 14 倍。不同的学者对地幔含水量估算的数值有所不同,但是毫无疑问,地幔中确实蕴藏了丰富的水(表 2-2-1)。

表 2-2-1　地幔各层圈含水量和总水量

层圈	深度/km	相对质量	平均水含量/%	总水量占地球总质量的比例/%	各层圈总水量占地幔总水量的比例/%	各层圈总水量与海洋水的比例/%
上地幔	20～410	10	0.024	0.002	0.06	0.08
过渡带和下地幔上部	410～1000	17	1.48	0.252	74.12	10.5
下地幔	1000～2900	41	0.21	0.086	25.29	3.58

为了确定水的来源,我们常用 H 的不同同位素比值(D/H 值)来研究是否为同一来源,不同源区的 H 同位素组成差别较大。地球上含丰富的水是毋庸置疑的,但是这些水的主要来源仍不太确定。

目前,有关地球上水来源的解释还无法协调全部的数据:一是由于现有数据与模型的不协调,如多种同位素体系之间的不匹配,各种模型中选择参数的不确定,化学模型与物理模型的不吻合;二是由于我们的观测手段还不能全面地追踪外太空更多潜在的水源;三是我们对太空中矿物相的变化及其同位素分馏机制还没有准确的认识。因此,解决这个难题还需要科研工作者不懈的探索和努力。

同时,根据中微子穿透地球时被地球吸收的程度,可以推测地球内部结构的这个特点,利用中微子望远镜,我们通过监测中微子穿透地球时发生的变化就能更准确地推测地球的内部结构。

我们知道地球内部每时每刻都在产生大量的能量,而针对地震的科学分析,正是了解地球"肚子"里的构造、揭示自然规律的一项重要手段。换句话说,就算科学家根据其科研成果大致推断出地球"肚子"里的秘密,也仍然是基于现有科学依据的猜想、假设罢了。也许用不了多久,地球"肚子"里的大学问就能被我们彻底地研究清楚,你说呢?

参 考 文 献

［1］ 谢鸿森,侯渭,周文戈.地幔中水的存在形式和含水量［J］.地学前缘,2005,12(1)：55-60.

［2］ Tschauner O，Huang S，Greenberg E，et al. Ice-VII Inclusions in Diamonds：Evidence for Aqueous Fluid in Earth's Deep Mantle［J］. Science，2018，359(6380)：1136-1139.

［3］ 地球科学编委会.10000 个科学难题：地球科学卷［M］.北京：科学出版社,2010.

3 "小太阳"托卡马克

安徽省科技馆　胡文浩

（推荐单位：安徽省科学技术协会）

在安徽省科技馆二楼量子展区存放着一件无价之宝。有人说它是解决能源危机的关键，也有人说它是通向未来的钥匙，它的名字叫作托卡马克，全称是环形真空磁场装置。

在今天的主角正式登场之前，我们先来了解一个微小粒子——原子。

1789年，法国科学家拉瓦锡提出"原子"的概念——化学变化中的最小单位。小到什么程度呢？以氢原子为例，它的半径为5.3×10^{-11} m，如果不用科学计数法，那么我们可以更直观地感受它的大小——0.000000000053 m。随着技术的发展，人们发现原子由原子核以及绕核运动的电子组成。其中，原子的绝大部分质量集中在原子核上，但是原子核的体积比原子还要小得多。仍以氢原子为例，它的原子核半径是原子半径的六万分之一！

原子核如此微小，但其中蕴藏的能量却是巨大的，我们称这股能量为核能或原子能，核能释放有两种方式——核裂变和核聚变。简单来说，核裂变指的是一个比较大的原子核分裂成两个或者更多的小原子核，而核聚变过程与之相反，是两个质量比较小的原子核聚合成一个大原子核。这两种方式都会使原子核的质量亏损，并释放出巨大的能量。

大名鼎鼎的科学家爱因斯坦给出了质量和能量的转化关系式

$$E = mc^2$$

其中，E为能量，m为质量，c为光速（约为3亿 m/s）。从这个公式我们可以看出，哪怕是极其微小的质量损失，也会释放出大量的能量。因此，核能的利用前景十分广阔。

一提到核能，大家最先想到的可能是威力巨大的核武器——原子弹和氢弹。回顾历史，这些威力巨大的武器曾经让全人类处于战争的阴霾中，但科学总是在推动全人类奔向更美好的未来，很快，核能就以全新的身份在能源领域焕发光彩。

截至2020年，全世界共有448座核电机组，其发电量约占全球发电总量的10%，发电效率为传统方式的1000倍以上。释放核能的方式有核聚变和核裂变两种，目前核电站采取的全都是核裂变的方式，这种方式采用的原料为重原子核，具有极高的放射性，所以核电站的安全问题不断引发人们的担忧。

于是科学家把目光投向了核聚变，它的反应原料一般为氢的同位素——氘和氚，氘可以从海水中提取，氚则能人工合成。可以说，聚变反应的原料是取之不尽用之不竭的，并且聚变反应的产物为清洁的氦气，这对于我们来说简直就是完美的能源解决方案。

那么为什么我们不采用这种方式来建设核电站呢？原因在于聚变反应的条件实在太过苛刻。举个例子吧，最常见的聚变反应（虽然我们看不到）就发生在太阳上。太阳的中心温度高达1500万℃，气压达到3000多亿个大气压，高温高压的环境让太阳变成了一个大火炉,其中的氢原子核每时每刻都在发生核聚变,不断向四周散发光和热。

要在地球上实现受控核聚变,环境温度必须达到1亿℃,这个温度的维持时间还要足够长,并且还要将氢原子核尽可能集中在一起,这样它们才有可能发生聚合反应,同时还要找到一种合适的材料,作为这些原子核自由驰骋的"跑道"……目前,尚没有任何一种材料可以承受住1亿℃的高温,更别说建设一条跑道了! 不过科学家们非常聪明,他们已经找到了办法。

我们知道,原子核是带正电的,带电的物体在磁场中会受到磁力作用。如果我们构建出一个环形磁场,那么就可以用磁力线束缚住这些氢原子核。更妙的是,这些磁力线无形地存在于空间中,再高的温度都影响不到它们。在这个特殊的环形跑道上,我们再构造出高温高压的环境,让氢原子核不断地发生碰撞,这种装置叫作托卡马克(Tokamak)。这个奇怪的名字来自这个装置的四个显著特征:形状为"环形"(Toroidal)、在"真空室"(Kamera)中运行、带有"磁性"(Magnet)并且使用"线圈"(Kotushka)。20世纪50年代,世界上第一座托卡马克装置诞生于莫斯科的库尔恰托夫研究所,它的发明者阿齐莫维齐等人为它取了这个颇具苏联气息的名字。

在此之前,虽然人们已经可以利用核聚变来制作氢弹,但这种方式的能量释放是完全不可控的,而托卡马克装置的建成就像是一声号角,标志着人类向实现可控核聚变的目标迈出了第一步。这是一项了不起的成就,科学将发生在太阳内部的聚变反应呈现在人类眼前。

还没从这份喜悦中走出来,科学家就面临着一个新的问题:原子核发生碰撞需要高温高压的环境。需要在托卡马克装置中构建高强度的磁场,维持这样的环境势必要耗费巨大的能量。我们不妨回想一下,还记得建造托卡马克的目的是什么吗? 是的,建设一座应用聚变反应来发电的核电站! 可是从目前来看,传统的托卡马克装置的能量消耗远远大于产出,并且无法长时间稳态运行,谁要是用这个装置去建设核电站,那准会亏得血本无归。

这样一看,实现可控核聚变这个任务实在太过艰巨,却又是如此诱人,一旦实现就意味着获得了无限、安全、清洁的能源。为了这个光明的未来,于是全世界的核科学家都纷纷投身时代的滚滚洪流中,全球各地建起了上百座托卡马克装置,召开了不计其数的国际会议,全世界携手向这个宏伟的目标发起冲击。

中国的核聚变研究始于20世纪60年代,在经历一系列学习追赶后,1978年9月,中国科学院等离子体物理研究所在合肥挂牌成立,这个机构集合了当时国内核能研究领域顶尖人才,目标只有一个——全力以赴攻克可控核聚变难题。

那个年代的科研条件是艰苦的,但沧海横流,方显英雄本色,这批胸怀祖国的科学家怀着满腔热血投身这项伟大的事业中,先后建成HT-6B、HT-6M常规托卡马克装置,HT-7超导托卡马克装置。2006年,历经8年的研究攻关,世界上第一座先进全超导托卡马克装置——东方超环诞生了。它的英文名EAST是由4个单词的首字母组成的——Experimental(实验)、Advanced(先进)、Superconducting(超导)、Tokamak(托卡马克),由于这个装置再现了太阳内部的聚变反应,人们亲切地称它为"小太阳"。

这个装置有两个显著特点,一是将磁场位型从传统托卡马克装置的圆截面改良为非圆截面,大大提高了装置的运行温度和稳定性;二是将产生磁场的全部磁体替换为超导体,在超低温环境下,超导体的电阻会降为0,从而不会发热,这样可以使装置能更长时间地稳态运行。

这个装置集超高温、超低温、超大电流、超强磁场等诸多极端环境于一体,是理论、技术乃至工程领域的一次重大突破。东方超环的整个建设过程均由我国自主完成,研究人员克服重重困难,解决了一系列关键技术问题,自主发展了数十项关键技术。它的建成标志着我国在核聚变领域的研究已经走到了世界前列,也标志着人类离掌握核聚变能的目标又近了一步。

自2006年首次放电以来,EAST装置先后在2010年实现100 s长脉冲等离子体放电;2012年获得超过400 s的2000万℃高参数偏滤器等离子体,获得稳定重复超过30 s的高约束等离子体放电;2013年与DIII-D装置首次联合实验获得成功,探索出一种先进运行模式;2014年首次实现重复的完全抑制边界局域模稳态长脉冲高约束等离子体;2016年实现电子温度超过5000万℃、持续时间达102 s的超高温长脉冲等离子体放电;2017年实现稳定的101.2 s稳态长脉冲高约束等离子体运行世界纪录;2021年12月30日,EAST实现1056 s的长脉冲高参数等离子体运行,这又是一项新的世界纪录!

能够取得这样的成果,和这些科学家艰苦奋斗的精神是分不开的。科研攻关有其特殊性,东方超环的建设没有国际先例可以参考,也没有别人的经验可以借鉴,谁也不敢笃定现有的研究方向一定正确,但就是在这样的环境下,中国科学院等离子体物理研究所的全体人员团结一心,艰苦奋斗,克服重重困难,终于完成了这项举世瞩目的成就。

"摧伤虽多意愈厉,直与天地争春回。"东方超环的研发成功是中华民族自强不息、顽强拼搏精神的展现,也是百年复兴大业的缩影。在中国共产党的带领下,中华民族的科学之舟也必将在下一个一百年中继续乘风破浪、行稳致远。

参 考 文 献

[1] 涂兴佩.耀起东方:记世界上首个全超导托卡马克(EAST)东方超环装置[J].中国科技奖励,2017(8):24-27.

[2] 叶华龙.浅析EAST托卡马克及中国核聚变相关研究[J].科技与创新,2021(12):92-93.

4 健康中国从预防疾病开始

巢湖市营养学会 徐国芳

（推荐单位：合肥市科技局）

我们常说，如果人类能够创造的价值是一个数值，那么健康就是"1"，其他元素才是后续添上的"0"。健康是人们获得美好生活的基石，也是一个国家经济发展的前提，更是一个伟大民族复兴的根本。作为国家的一分子，为了创造更美好的生活，特别是在新型冠状病毒肺炎疫情仍然对人们的日常生活造成影响的现在，我们每一个人更应该主动自觉地响应国家的号召，从我做起，用良好的生活习惯来预防疾病，以便创造出更多的个人价值。"健康中国，预防疾病"就是指尽可能不得病或者得小病、不得大病，尽量不占用国家的医疗资源，不给国家添麻烦。据相关人士统计，1元钱的预防支出相当于8.8元的治疗费，或者相当于100元钱的抢救费。预防疾病是实现个人健康的有效方法，只有个人健康才能全民健康，只有全民健康才能把我国建设成社会主义现代化强国。

4.1 国民健康是改革与发展的根本目标

1. 国民健康观念、健康发展理念亟待转变与重建

随着新型冠状病毒肺炎疫情的暴发，人们对健康的需求越来越强烈，在疫情防控常态化的当下，逐渐将大部分生活消费向健康倾斜，这一点在家用电器和日常饮食消费上都有着极为突出的表现。数据显示，2021年第一季度，全国居民人均购买洗涤及卫生用品支出增长27.2%，购买口罩等医疗卫生器具支出较2020年同比增长4.2倍。除了防疫必需品以外，从电商数据来看，空气净化器、除菌洗碗机、除菌干衣机等健康生活类家电走俏，运动手环、健康监测产品等销售火爆，保健品、营养品受到追捧，逐渐普及的居民健康观念提示我们应尽快建立起一个健康发展理念体系，从而让这样的健康态势能够保持下去。

2. 经济社会改革和发展目标要有利于国民健康

2015年3月，李克强总理在政府工作报告中指出："健康是群众的基本需求，我们要不断提高医疗卫生水平，打造健康中国。"统计数据显示，2010年，我国18岁以上的糖尿病患者已经超过一亿人次，十年过去了，亚健康正呈年轻化趋势，不管是逐年升高的青年肥胖率，还是增长的因过度疲劳而猝死的青壮年数量，都在不断地提醒我们，需要重塑国民健康观念，转变国民的健康发展理念。当下，我国公共卫生事业的发展相较于其他社会事业而言，明显滞后，这使得公共卫生建设的现状与人民的健康需求之间已经产生了相当突出的矛盾。因此，我们应进行有利于国家公共卫生资源整合的社会经济改革，建立更规范的公共卫生体系，从人员编制、体制、人力资源等方面开展基本公共卫生服务，以实现可持续发展。

4.2 健康中国从预防疾病开始

1. 健康中国疾病预防控制工作意义重大

近二十年来,我国在建立疾控体系上成效卓著,疾控能力得以大幅提升,各级疾控机构的人员结构基本得到了改善,在新型冠状病毒肺炎疫情反复的形势下,处理突发公共卫生事件的应急能力也大大提升。然而,当前疾控工作依然存在一些不足,如疾病预防控制工作投入不足,疾控机构人员编制标准未能全面普及等。在经济快速发展和人民需求快速增加的情况下,我国疾病预防控制体系在处理突发的公共卫生事件和进行健康危害因素监测等方面仍有着较大的提升空间,特别是疾控体系有待完善、人才队伍总量不合理等问题亟待解决。而要想妥善解决上述问题,当务之急就是建设科学合理的健康中国疾病预防控制工作体系,用疾控体系来辅助一切工作的开展。

2. 健康中国建设对疾病控制工作的要求更加刚性

国民健康是民生问题,也是政治问题、社会问题,事关民生福祉和国家的可持续发展。从政治角度来说,健康中国建设是国家未来政策和资源的发展方向,也是贯彻以人民为中心的发展理念;从经济角度来说,国民健康是最大的生产力,带动了民生经济持续增长,也为社会的和谐安定做出了巨大贡献。当前的中国社会,人口老龄化加剧,医疗保险、卫生服务等体制相对落后。在此形势下,推进健康中国建设对疾病控制工作的要求更加刚性,只有先做好疾病控制工作,才能够让健康中国建设得到持续稳定推进,让国家的健康产业建设无后顾之忧。

4.3 如何有效预防疾病

1. 注意饮食

中国人讲究食补,饮食和疾病预防是紧密联系的。例如,钙和磷比例失调会导致软骨病和骨质疏松症;饱和脂肪酸和胆固醇失调会导致心血管疾病;摄入超高的热量和糖,有引发糖尿病和肥胖症的风险,还会引起牙齿疾病;大量摄入食盐,容易患高血压;过量饮酒,就会有肝硬化的风险……就饮食来说,营养均衡的一餐需要摄入的蛋白质一般占总热量的15%～20%,碳水化合物约占50%,脂肪一般占25%～30%;胆固醇每日的摄入总量应该低于300 mg,并且要随着年龄增加而递减。应特别注意的是,尽量少食用腌制食品,多摄入新鲜果蔬,不吃隔夜蔬菜。

2. 加强运动

在健身时,我们不能够只凭兴趣与冲动盲目地进行运动锻炼,这不但不能够达到促进血液循环、增强体质的目的,反而会给身体带来损害,严重时还会影响工作和生活。因此,在进行体育锻炼时,首先,应对自己的健康状况进行全面评估,依身体素质而定,逐渐增加运动强度,选择更合理、科学、有效的锻炼项目。其次,养成习惯,持之以恒,通过习惯的养成在大脑皮质中形成条件反射,"三天打鱼,两天晒网"是不能获得强身健体的效果的。最后,还要了解动作的难易程度,注意循序渐进,不能一蹴而就,要对运动量进行规划。在运动时还要根据自身年龄和健康水平有针对性地选择运动项目,确保运动时的安全。

3. 戒烟限酒

烟酒对身体的危害是极大的,不论是香烟中的尼古丁还是酒精,都会对肝脏造成损害,严重时还会引发心脑血管疾病,诱发肺部的恶性肿瘤,二手烟的长期侵蚀还会影响胎儿发育。戒烟、限酒对人体具有很大益处。例如,人在饮用啤酒后会吸收大量糖分,这是很多中年人患糖尿病的原因之一。酒精会伤害肝脏、胰脏和胃,迫使它们不断运转以代谢掉有害物质。研究发现,长期酗酒的人一旦开始戒酒,只要一个月时间就有可能出现体重减轻、血压降低、睡眠质量提升等明显的状态改善。又如,尼古丁在给人们带来兴奋、缓解焦躁的同时,也会让吸烟者在一定程度上成瘾,被尼古丁控制身体的人会因不能吸烟而焦虑和烦躁,甚至在不抽烟时精神状态会变差。然而,吸烟导致的肺部损伤几乎是不可逆转的。如果一个人开始戒烟,那么大约在一个月以后,这种焦虑和烦躁就会逐渐消失,甚至睡眠质量也会得到大幅度提升。

4. 心理平衡

心理状态会影响个体的发展,个体的发展包括自我认知和认知思维水平,心理状态甚至还可以改变内分泌和神经系统,不良的情绪会影响身体和精神健康。当人长期生活在抑郁或负面的情绪下,会不断地降低自我评价,也会导致性格古怪。不少心理学家甚至认为,稳定良好的情绪可以使人体的免疫系统发挥出最大的功效,可以治愈多种疾病。若一个人经常处于忙碌、烦躁的状态,则会导致神经衰弱,出现失眠、脱发等症状。因此,为了保证心理状态的稳定,我们要尽可能接受自己,相信自己的能力,用自我接纳的方式来促进情绪往积极的方向转变。另外,要走出封闭的生活圈,拓展生活领域,加强和朋友、亲人之间的联系,以此来消除自己的孤独感。

只有我们每个人都做到了注意饮食、加强运动、戒烟限酒和心理平衡,才能由个人健康实现全民健康,进而实现健康中国的目标。

参 考 文 献

[1] 刘枝英.开展2021年家庭健康主题推进活动[J].人口与健康,2021(12):45-46.
[2] 李力,梁立智.家庭健康掌门人的责任探究[J].中国医学伦理学,2021(10):22-23.
[3] 白碧玉,段志光.基于大健康的家庭健康人文[J].基础医学教育,2017(12):11-12.
[4] 本刊编辑部,杨春霞.健康中国,从家庭健康管理做起[J].家庭医药,2018(5):10-13.

5　从三环行驶到四环

中国科学技术大学　吴家玲

（推荐单位：中国科学技术大学）

当第一缕阳光穿越 1.5 亿 km 后从地平线升起，伴随着汽车的轰鸣声与喇叭声，城市渐渐苏醒过来。自第一次工业革命以来，人类社会发生了翻天覆地的变化，科技与文明都得到了空前发展。在火箭发明之后，人类的目光便逐渐投向了广袤无垠的深空。

人类很早便开始夜观天象，赋予各种行星运动特定的意义，科技进步为人类突破地球引力提供了支持，如人造卫星、运载火箭、航天飞机等技术不断发展，人类对宇宙的探索已不再止于观测。

我们将围绕城市中心区的道路称为城市环路。借用"城市环路"的概念，以太阳系为中心从内往外数，地球位于太阳系第三条轨道，火星位于第四条轨道，因此有学者戏称火星探测之旅为"从三环行驶到四环"。火星，这颗古老的红色星球将是人类走出地球、进行星际漫游的重要一站。

5.1　缘起：为什么要探索火星

1. 人类对火星的早期观测

"荧荧火光，离离乱惑。"人类很早就对火星充满了好奇与疑惑。作为地球的邻居，火星与地球之间的距离并不是固定的，最近时约 5500 万 km，最远时有 4 亿 km。忽远忽近的距离、荧荧如火的外观，令古人琢磨不透。于是，中国古人称火星为"荧惑星"，古巴比伦人称它为"死神之星"，古希腊人认为它是"战神阿瑞斯"，古罗马人称它为"玛尔斯"。但不论哪种说法，这颗红色星球总能让人类感到恐惧，其中"荧惑守心"被我们的祖先认为是最凶险的天象之一。

随着天文学和望远镜技术的发展，火星的神秘外壳逐渐褪去。18 世纪，天文学家赫歇尔和施罗特的工作揭开了火星研究的新篇章，他们发现了火星和地球在自转周期、自转轴倾角以及四季更迭等方面有很多相似之处。1877 年，意大利天文学家夏帕雷利使用当时非常先进的梅尔茨折射望远镜对火星展开观测，并绘制了带有清晰标注的火星表面图，并将观测到的黑色暗沟命名为"Canali"，后被错译为"运河"。口耳相传，"火星运河""火星上的智慧生命"等话题引起了人们的广泛讨论。

2. 探测火星可行性强、价值高

现代技术的发展让人类陆续实现了载人航天、登陆月球等目标，下一步人类将前往更遥远的星球。在与地球相邻的行星中，人类首先选择了火星。

火星和金星都是太阳系中与地球相邻的行星，但探索火星的可行性更强、附加值更高。火星的探测难度比金星低。金星上的环境过于恶劣，其表面温度最高时超过450 ℃，异常浓密的大气中充满硫酸滴液，给探测工作增添了许多困难。相比之下，火星探测的性价比更高，更容易获得科研成果。火星和地球一样，处于太阳系的宜居带上，是最有可能存在液态水的星球之一，而水又与生命活动息息相关，这无疑对人类有更大的吸引力。

同时，火星和地球十分相似，被科学家称为"地球的姊妹星"。一方面，两者的自转速度相差不大，地球自转一周大约需要23 h 56 min，而火星自转一周大约需要24 h 37 min，两者近似；另一方面，火星的自转轴倾斜角为25.19°，和地球相似，所以火星同样拥有四季，且气候带区分明显，但由于轨道离心率不同，火星上每个季节的持续时间约是地球的两倍。此外，火星的地貌特征与地球相似。火星地表的形貌丰富多样，有高山、峡谷、大坑、小坑、河床、平地等。但是，两者之间的不同之处也有很多，如火星拥有两颗卫星——火卫一和火卫二、火星的直径约为地球的一半、火星的质量仅为地球的11％等。

2020年3月，美国国家航天局(以下简称NASA)公布了空前高清的火星照片。该照片由好奇号探测器传回的1000多张火星照片拼接而成，像素超过18亿。认真观看照片会令我们产生一种错觉，照片中的图像很像是地球上的某个沙漠或戈壁的一角。

火星和地球之间具有相似性，探索火星对人类深入认知地球、了解生命的起源、解析太阳系的历史与演化等重大科学问题具有重要价值，也是人类走向宇宙的重要一步。火星探测是一项多学科交叉、技术高度集成的系统工程，其关键技术的突破，也将大大带动民用技术的进步与提升。在太阳系内，火星是唯一有可能实现人类大规模移民的星球。人类希望移民火星，这并不是因为火星上的生存环境比地球更好，而是地球生命已历经多次大灭绝，人类未来也许将面临许多重大的天文灾难，移民火星是人类为了永续生存而必须付出的努力。

5.2 攻坚：探索火星的难点

1. 为期26个月的发射窗口

火星和地球都在围绕太阳不停地公转，两者的距离也在不断变化。为了节省燃料，火星探测器一般通过霍曼轨道从地球前往火星，科学家将可供火星探测器发射的时间集合称为发射窗口。由于行星公转的非均匀性，火星公转周期是地球的两倍，两者的会合周期是777.9天，约26个月，在每个周期内只有一次机会沿霍曼转移轨道飞向火星。探测器发射时会受到很多约束，主要分为自然约束和工程约束。自然约束是指与天体、地理相关的约束，包括发射场位置、射向范围、发射窗口、地心轨道停泊时间和地心逃逸轨道入轨点位置等；工程约束是指与科学任务及探测器相关的约束，包括测控与通信覆盖、姿态控制、温度控制及科学观测等。

2. 火星探测的轨道

探测器从三环行驶到四环的过程并不轻松，大致可以分为四段：一是地球发射轨道，指的是运载火箭将探测器从地面发射至星箭分离的发射轨道。二是地火转移轨道，指的是探测器从近地点加速逃逸开始,直至到达近火点之间的飞行轨道。其间,探测器速度将突破第二宇宙速度(11.2 km/s),完全摆脱地球引力,从地球影响球边界飞行至火星影响球边界。三是环火轨道,即探测器在近火点减速制动被火星捕获后,调整轨道并进入着陆分离轨道,待完成着陆分离后,轨道器再一次机动并恢复至火星捕获轨道。四是着陆轨道。

探测器在着陆过程中需要经历"恐怖七分钟",速度会从 4800 m/s 减到 0。虽然"天问一号"探测器降落用了 9 min,但过程类似,下面我们以它为例进行介绍。

着陆过程分为四个阶段:第一阶段是气动减速,着陆器直接冲进火星大气,借助大气阻力在 5 min 内把速度降到 460 m/s。第二阶段是伞动减速,这时需要进行超音速降落,面对火星上的大风等不可控的风险,如果风速太大,那么着陆器可能无法控制,甚至出现降落伞被撕裂的危险。第三阶段是着陆器抛弃降落伞和外罩,露出着陆平台,启动反推火箭,速度将降低到 3.6 m/s,这相当于人在地球表面从一只凳子上向下跳时的落地速度。第四阶段是落地缓冲,着陆器自主分析并寻找一个最合适的着陆地点,让自身平稳着陆。

从探测器发射到成功着陆的过程需要应用很多关键性技术,包括自主导航控制,能源与推进,测控通信,航天器的进入、下降与着陆,新型结构机构等。

5.3 简史:火星探索历程

1. 探测器坟场

1960 年 10 月,苏联发射人类首颗火星探测器,揭开火星探测的序幕。截至 2022 年 1 月,全球共实施了 47 次火星探测任务,其中美国 22 次、苏联/俄罗斯 19 次、欧洲 2 次、日本 1 次、印度 1 次、中国 1 次、阿联酋 1 次,完全成功或部分成功 27 次、失败 20 次。

虽然探测火星的次数可观,但成功的概率并不高。苏联进行了多次火星探测活动,如第一次进入地火转移轨道、"火星 3 号"首次成功软着陆火星表面等,然而失败的经历也十分惨重,如"火星 2 号"着陆器分离后直接坠落、"火星 3 号"落地后仅存活了 20 s,所以火星也有了"探测器坟场"的称号。

2. "勇气号"与"机遇号"

在人类探测火星的历程中,NASA 取得了巨大成就。目前,在工作的火星探测器主要来自美国,包括"好奇号""洞察号"和"毅力号"火星车,以及"火星奥德赛"、火星勘察轨道器等。在美国发射的众多探测器中,让人印象最深刻的是 2003 年发射的"勇气号"与"机遇号"。

"勇气号"于 2003 年 6 月 10 号发射,着陆点为古谢夫陨石坑,预计使用寿命为 90 天,但它却在火星上行驶了 1886 个火星日。"勇气号"在火星上度过寒冬,翻过哥伦比亚丘陵,登上赫斯本德山,最后因轮胎陷入软土而终止了探索之旅。"机遇号"则和它的名字一样,拥有很好的运气。它于 2003 年 7 月 8 日发射,着陆点靠近赤道子午线高原。在"好奇号"首先传回地球的照片中就有露出地面的多层岩床,这些岩床可能是在液态水中沉积形成的,为火星上曾经存在水提供了证据。"机遇号"在火星上巡视了 15 个春秋,是迄今为止寿命最长的火星车。虽然"勇气号"与"机遇号"现都已停止工作,但它们的探测带来了重大发现,体现了探测火星的价值,也为后来的火星探测工程提供了更多的数据。

3. 2020年是个火星年

每一个窗口期都会引发一次探火高潮。2020年,中国国家航天局、NASA、欧洲航天局和阿联酋航天局都开启了新一轮火星探测。我国"天问一号"探测器、美国"毅力号"火星车、阿联酋"希望号"火星探测器都于2020年7月成功发射并完成目标任务。欧洲航天局和俄罗斯联邦航天局的ExoMars火星探测任务由于各种原因推迟到2022年。

5.4 天问:中国火星探测工程

1. 从"萤火一号"到"天问一号"

我国的火星探索最早可以追溯到2011年发射的"萤火一号"。2011年11月9日,我国研制的首个火星探测器"萤火一号"与俄罗斯"福布斯-土壤号"探测器一起搭乘俄运载火箭发射升空。由于探测器故障,"萤火一号"未能进入预定轨道,任务宣告失败。

此后,我国开始建立自主研发团队,开启我国的探火工程。2016年1月11日,我国政府首次火星探测任务正式立项,并计划于2020年左右发射一颗火星探测卫星。2020年4月24日,中国行星探测任务被命名为"天问系列",首次火星探测任务被命名为"天问一号"。"天问"的名称来源于2000多年前诗人屈原的一首长诗《天问》:"遂古之初,谁传道之? 上下未形,何由考之?"一首《天问》道出了人类对自然与宇宙的好奇和疑问。

2020年7月23日12:41,中国文昌航天发射场内,伴随着一声巨大的轰鸣声,"天问一号"火星探测器在长征五号遥四运载火箭的托举下发射升空。2167 s后,探测器突破第二宇宙速度,进入地火转移轨道。2021年2月10日,探测器实施第一次近火捕获制动,后进入火星停泊轨道,并在停泊轨道上运行约3个月。2021年5月15日7:18,"天问一号"环绕器与着陆器分离,着陆器经历"恐怖九分钟"后在火星乌托邦平原南部预选着陆区着陆。

2. "祝融号"火星车

"天问一号"火星探测器包括环绕器、着陆器和巡视器,其中巡视器又被称为火星车,搭乘"天问一号"探测器的火星车名为"祝融号"。祝融是我国古代神话中的火神。2021年5月22日10:40,"祝融号"火星车安全驶离着陆平台,抵达火星表面,开始巡视探测任务。"祝融号"携带了6台科学载荷,包括火星表面成分探测仪、多光谱相机、导航地形相机、火星车次表层探测雷达、火星表面磁场探测仪、火星气象测量仪,主要任务包括提供清晰的火星地图、探测火星地表和浅层结构、探测火星磁场和气候、分析火星表面矿物等,设计寿命为3个火星月,大概相当于92个地球日。

截至笔者写下这段文字时,"祝融号"火星车仍在火星上工作,"天问一号"环绕器仍在火星上空盘旋。它们带给国人太多的惊喜,并向我们细细地诉说着那颗古老红色星球的现状,以及火星地表上镌刻着的迷人过往。

参 考 文 献

[1]　欧阳自远,肖福根.火星及其环境[J].航天器环境工程,2012,29(6):591-601.

［2］　郑永春,赵伟方.火星地下冰川:新发现的意义[J].科技导报,2018,36(6):17-20.

［3］　高飞,苏宪程.火星探测器发射时机分析[J].装备指挥技术学院学报,2009,20(4):59-64.

［4］　郑永春.火星探测极简史[J].科学,2021,73(4):6-11.

［5］　张扬眉.世界火星探测一览表[J].国际太空,2020(8):49-50.

［6］　吴伟仁,于登云.深空探测发展与未来关键技术[J].深空探测学报,2014,1(1):1-17.

［7］　包刚,钟珊珊,赵宇鷃.天问一号:奔火逐梦[J].矿物岩石地球化学通报,2021,40(2):510-514.

［8］　赵聪."天问一号"火星着陆惊心动魄的9分钟[J].太空探索,2021(6):7-11.

6 走进核聚变

中国科学院合肥物质科学研究院 许 蕾

（推荐单位：中国科学院合肥物质科学研究院）

2021年12月20日,2021年度国内十大科技新闻揭晓,中国"人造太阳"创亿度百秒世界新纪录位列榜首。"人造太阳"是什么？它的工作原理是什么？它对人类又有着什么影响和重要意义呢？

6.1 核能出现的必然性

1. 化石能源引危机

人类社会离不开能源利用。目前,人类80%以上的能源消耗来自煤炭、石油、天然气,这些化石能源都是不可再生能源,而且储量有限。化石能源在使用过程中会排放大量的二氧化碳,对全球气候变暖产生直接影响。此外,化石能源分布不均,国际上的一些冲突纷争也由此而生。

2. 迫切探索新能源

从古至今,人类对经济增长和文明进步的追求从未停止,而这一过程必然带来对能源更大的需求和更多的依赖。面对严峻的能源危机和环境危机,寻找到一种清洁安全且能量巨大的新型能源,实现"可持续"与"碳中和"是人类的当务之急。

为了实现这一目标,人们需要对现有能源进行结构调整和转型。逐渐摆脱对化石能源的依赖是一条艰难却不得不走的路径。为此,人们加强了对太阳能、风能、水能等新能源的开发利用。然而,这些新能源容易受到天气、地理、技术开发条件等限制,产生的能量也不够大,无法从根本上取代化石能源并满足经济社会发展的需求。在这一过程中,科学家发现了隐藏在原子核中的巨大能量——核能。

6.2 核能出现天下知

1. 小原子有大能量

简单来说,核能就是由核反应释放出来的能量。人们发现原子核反应后的产物发生了"质量丢失",即质量亏损。根据爱因斯坦的质能方程 $E = mc^2$（c 为光速,约为 3×10^8 m/s）,一点点质量亏损就可以转化为巨大的能量。

核能的利用方式分为核裂变和核聚变两种。核裂变又称核分裂,是指重的原子核（主要是指铀核或钚核）分裂成两个或多个质量较小的原子的一种核反应形式。原子弹利用的就是一种裂变反应,这种瞬间释放的巨大能量会对环境造成毁灭性破坏,禁止将核裂变技术运用在军事上,和平利用核裂变能已成为全人类共识,核裂变电站便是核裂变技术民用化的成功案例。

从 1954 年全球第一座核电站建立至今,核电站已为人类社会做出了巨大贡献。但从长远来看,核裂变能并不是人类理想的终极能源。因为核裂变的原材料在地球上的储量是有限的,据专家估计可以使用 1000 年左右,并且存在核废料处理等难题,所以在不断加强核裂变电站安全性的同时,科学家把目光落在了另一种核能——核聚变能身上。

2. 未来能源靠核聚变

核聚变又称核融合,是指两个或多个质量较轻的原子核在一定条件下(如超高温和超高压)碰撞到一起,发生原子核聚合反应,生成新的质量更大的原子核。核聚变能是一种理想的能源,可以提供持续、清洁的基础性能源,从而满足人类不断增长的能源需求,同时对环境造成的影响也比较小。

相比核裂变能,核聚变能安全有效且优点突出。首先,核聚变能量更大,1 g 核聚变燃料释放的能量相当于 8000 kg 石油燃烧放出的能量。其次,地球上蕴含的核聚变燃料丰富且易得。聚变反应的原料主要是氢的同位素氘和氚,氘可以从海水中提取,氚可以通过中子和锂反应生成。1 L 海水中含的氘,经过聚变反应可提供相当于燃烧 300 L 汽油释放出的能量。地球上蕴藏的核聚变能足够人类使用几百亿年,可谓"取之不尽,用之不竭"。此外,核聚变能几乎不产生任何污染。有鉴于此,核聚变能可以说是我们梦寐以求的终极理想能源。

3. 可控核聚变实现艰难

原子弹成功爆炸后的 10 年里,人类便实现了裂变反应的人工控制。从第一颗氢弹爆炸以来,利用聚变反应原理,不同大小、形式的核聚变试验装置被陆续建造出来并开展研究,世界各国政府和国际组织共同合作,联手攻关。然而,到目前为止,可控核聚变装置仍处于实验研究阶段。

可控核聚变为什么如此之难呢?

聚变反应是指氘原子核与氚原子核聚合成更大的氦原子核的过程。因为两个原子核都带正电,带电粒子具有异性相吸、同性相斥的特性,所以这一反应最主要的难点在于,使两个原子核克服巨大的库仑力并接近到核力可以发挥作用的超短距离。为此,需要从外界给它们提供大量的能量,使它们获得足够的动能来克服两者之间的库仑排斥力。

太阳内部发生的就是聚变反应。太阳的核心温度高达 1500 万 ℃,同时具有非常高的密度,太阳上面的聚变反应时时刻刻都在发生着。但是在地球上,若想实现持续可控的聚变反应,则要满足一个非常严苛的条件——劳森判据,即等离子体的温度、密度、约束时间三者的乘积(简称聚变三乘积)要达到某一个数量级,这就需要将核原料加热到 1 亿 ℃左右,这个温度比太阳的中心温度还要高出数倍。为了实现在地球上承载上亿摄氏度的聚变反应原料,科学家想到用强磁场做成一个无形的"笼子",然后将高温的核聚变燃料装进这个"磁笼子"里(利用强磁场将其约束住),再用真空将高温等离子体与装置实体隔开,从而解决这一难题。这种环形磁约束核聚变的形式被称为托卡马克,也被形象地称为"人造太阳"。

6.3　中国的"人造太阳"

1. 中国引领全超导

作为国际上重要的核聚变研究实验平台，中国科学院等离子体物理研究所坐落于合肥市科学岛上，在这里诞生了被称为"人造小太阳"的全超导托卡马克核聚变实验装置——东方超环(EAST)，EAST 由 Experimental(实验)、Advanced(先进)、Superconducting(超导)、Tokamak(托卡马克)4 个单词的首字母组合而成。EAST 实验装置是我国自主设计建造的世界首个具有非圆截面的全超导托卡马克实验装置(图 2-6-1)，是等离子体物理研究所在 HT-6B，HT-6M，HT-7 装置后建造的第四代托卡马克，也是人类历史上首个全超导托卡马克，开创了超导时代新纪元。

图 2-6-1　EAST 装置全景图

EAST 于 1998 年立项，2000 年开工建造，2006 年完成工程调试并实现首次放电。它的设计、研制、加工和安装全部由等离子体物理研究所的科研人员和技术工人独立承担。这个庞然大物高 11 m、直径 8 m、重 400 吨，由纵场线圈、极向场线圈、内外冷屏、超高真空、外真空杜瓦、支撑系统六大部件组成。

2. 捷报频传红旗展

EAST 装置具有三大科学目标：等离子体电流达到 1 MA，等离子体温度达到 1 亿 ℃，等离子体运行时间达到 1000 s。2010 年它实现 1 MA 等离子体电流运行；2018 年首次获得 1 亿 ℃ 高温等离子体（图 2-6-2）；2021 年 12 月 30 日，EAST 实现了第三个科学目标：1056 s 长脉冲高参数等离子体运行（图 2-6-3）。至此，三大科学目标全部完成并创造了新的世界纪录。不仅如此，2021 年 5 月 28 日，EAST 物理试验创造了 1.2 亿 ℃、101 s 等离子体运行新的世界纪录，表明其综合研究能力在稳态高参数磁约束聚变研究领域位居国际前沿。EAST 装置为中国聚变行业培养了大量的聚变工程和物理人才，也为未来可能出现的技术飞跃提供了技术储备。

图 2-6-2　EAST 电子芯部温度达 1.2 亿 ℃ 时的现场

6.4　中国聚变展宏图

1. 跨国合作勇攻关

核聚变能的开发利用需要全国乃至全人类的共同努力。国际热核聚变实验堆（ITER）计划，是由欧盟、美国、日本、韩国、俄罗斯、中国和印度共同参与，规模仅次于国际空间站的大科学工程国际合作计划，其目标是验证和平利用核聚变能的科学和工程技术可行性，为下一步核聚变能源商业化应用探索道路。等离子体物理研究所是我国参与 ITER 计划的重要力量。

图 2-6-3 EAST 装置 1056 s 长脉冲放电时的现场

2. 聚变之光不是梦

此外,中国聚变工程试验堆(CFETR)的工程设计基本完成,变堆关键系统综合研究设施(CRAFT)项目于 2019 年 9 月正式启动。该项目建成后,我国将具备独立从事聚变堆关键技术、部件、系统的测试能力,可向相关科学技术应用提供一流的测试研发平台,其将在工程技术方面成为继 EAST 试验装置之后的又一个重要平台。

半个多世纪以来,人类的核聚变研究不断取得突破和进展,但距离实现核聚变商用电站还有很长的路要走,一系列科学和技术问题仍有待攻克。在"碳中和"和"碳达峰"目标下,完成能源结构转型,实现能源迭代升级,是我们必须选择的"赛道"。

回首中国聚变几十载,它的发展史不仅是一部中国科技进步的缩略史,也是中国人努力实现终极理想能源的奋斗史。几十年间,中国聚变实现了从跟跑、并跑到部分领跑的历史性跨越,向着挑战无限可能又前进了一大步。中国聚变人拥有着一个共同的梦想,那就是早日让聚变之光点亮未来!

参 考 文 献

[1] Wan Y X,Li J G,Liu Y,et al. Overview of the Present Progress and Activities on the CFETR[J]. Nuclear Fusion,2017,57(10):1.

[2] 万宝年. 人造太阳:EAST 全超导托卡马克核聚变实验装置[M]. 杭州:浙江教育出版社,2016.

[3] 何开辉,罗德隆,王敏,等. ITER 计划国际大科学工程工件进展[J]. 中国核电,2020,13(6):736-740.

7　高铁上为什么没有安全带

泗县科技馆　魏晶晶

（推荐单位：宿州市科技局）

2017 年"复兴号"在京沪高速铁路上双向始发，实现了千里京沪一日还。引进、消化、吸收、再创新，不断突破高寒、高原等一系列复杂环境下的技术难题，在短短二十年里中国铁路华丽蜕变。如今，在祖国广袤的大地上，一趟趟高铁列车穿越繁华都市、纵横田野阡陌。运营总里程达 40000 km，稳居世界第一的中国高速铁路正在以每天近 5 km 的增长速度编织着越来越密的交通网，支撑着繁荣兴盛的"流动中国"。

当越来越多的人将舒适便捷的高铁列车作为出行首选的交通工具时，细心的人不免会有一个疑惑：时速高达 350 km 的高铁列车上为什么没有安全带呢？

想要弄明白这件事情，先让我们从安全带的作用说起。

7.1　安全带的作用

1. 汽车上安全带的作用

牛顿第一定律表明：一切物体在没有受到外力的作用时，总保持匀速直线运动或静止状态。物体都有惯性，物体在不受外力作用时，就会保持原来的状态不变。

当汽车发生碰撞或紧急刹车时，巨大的惯性会使车内驾乘人员与方向盘或挡风玻璃发生碰撞，甚至将人抛出车外，从而对车内驾乘人员造成严重的伤害。安全带的缓冲作用可以吸收大量动能，防止人车发生二次碰撞。在过去的几十年里，安全带的使用挽救了许多的生命，所以安全带也被称为"生命带"，这就是坐汽车要系安全带的原因。

2. 飞机上安全带的作用

当我们乘坐飞机时，系好安全带是乘坐飞机的规定程序之一，也是保障飞行安全的必备条件。

与乘坐汽车不同的是，飞机在起飞和降落时因加速度变化，会引起人体前后被动位移，在飞行时旋动的气流也会使机身上下颠簸，严重时甚至会将没有系安全带的人员先抛到机舱顶再摔到座位或地板上。因此，飞机上的安全带既是为了防止乘客发生前后碰撞，又是为了保护乘客免受机身上下颠簸导致的伤害。

7.2　高速铁路的特点

1. 高速铁路的基础工程

传统铁路的基础工程是在路基上用散粒碎石铺上一层道床，再在上面铺设枕木和钢轨。

这种有砟轨道在列车高速行驶时,会使得道砟粉化严重、线路维修频繁,碎石飞溅也会影响行车的平稳和安全。

20世纪90年代,我国开始进行高速铁路无砟轨道的研究,通过引进、消化吸收和再创新,无砟轨道在我国高速铁路建设中被广泛应用。砟,就是铺垫道床的小石块。无砟轨道是以混凝土、沥青混合料等整体基础取代散粒碎石道床的轨道结构形式。

无砟轨道板通过大型的数控磨床进行打磨,用高效率的粗调测量系统进行轨排框架粗调,用智能化、自动化、高精度的轨检仪器和科学先进的测量工艺进行轨道精调和复测。精调机可以在三维空间中实现轨道板的精确定位,超高的加工精度、精湛的无缝钢轨焊接工艺、设计标准精确到毫米的路基工程使得轨道具备高平顺的特性。因此,在高铁列车行驶过程中不会出现上下颠簸的情况。

2. 高铁运行的平稳度

解决了上下颠簸的问题,我们再来看高铁列车是如何做到前后左右无摇晃的。这就涉及高铁列车的第二个特点——严格控制加加速度,制动距离长。列车运行的平稳度并不取决于加速度的大小,而是由列车的加加速度决定的,加加速度也称为急动度,是指加速度随时间的变化率。较大的急动度会使人体产生相当强的不适感。比如,我们在乘坐上升或下降速度较快的电梯时,会产生一种眩晕感。

考虑到乘客在乘坐高铁列车时的舒适度体验,高铁列车的急动度小于$0.7\ \mathrm{m/s^3}$,这种急动度变化,人体几乎感应不到。在高铁列车起步时,如果不是窗外的风景与光线出现快速变动,那么我们将很难意识到车辆已经起步了。一方面是高铁列车在急动度方面有着严格的控制;另一方面,平顺的无砟轨道弯道少、弯道的半径大,除紧急情况外,不会有大的急刹,所以高铁列车可以在行车过程中平稳运行,乘客不会出现前倾后仰、左右晃动。

7.3　高铁列车上的安全保障措施

1. 智能监测系统

由于高铁列车的特殊性,传统的靠司机的视觉和常规检测方法已难以满足对安全的监测需要。为了保障行车和乘客的安全,我国高铁应用智能复合传感器技术、大数据技术和特征提取技术,构建出高铁列车气动性能研究数值计算及缩比模型试验方法,高铁列车可以实现运营状态下的智能评估、状态诊断和预警报警。同时通过车载设备、车地数据传输、地面系统,可以构建出车地一体的全寿命周期管理平台,为高铁列车运营和维护提供决策建议,实现主动安全保障和智能维护。

2. 优良车身结构

车体作为高铁列车的主要承载部件,载荷冲击剧烈。通过车体多级吸能协同设计,构建高速列车三维刚柔耦合撞击动力学分析模型,从而确定车辆撞击过程中的撞击力、速度、减速度、撞击作用时间等一系列参数,结合车体结构轻量化设计,使得车体在具有足够的强度与刚度、优良的振动与抗疲劳特性的前提下,提升车体气动性能,并能够在异常冲击情况下,为乘客提供安全防护。

3. 防撞安全座椅

研究显示,在发生重大事故时,被安全带束缚在座椅上的乘客更容易受到车厢结构坍塌所造成的伤害,因为他们无法进行有效的躲避。目前高铁列车普遍使用的座椅是"防撞"的安全座椅,座椅运用了人体工程学原理,座椅的材料可以吸收撞击产生的能量。受到撞击时,座椅能及时溃缩变形,吸收冲击能,从而有效保证乘客头部、腿部等重要部位不会被卡住。

中国高铁既保证了速度与安全,又最大限度地提高了乘坐舒适度,立硬币、立钢笔、立手机、立水瓶稳定不倒,这些几乎成为中外乘客体验高铁列车的例行项目。总而言之,我们的高铁列车确实太稳了,稳到安全带在高铁列车上毫无用武之地! 这就是高铁列车上没有安全带最大的底气和最根本的原因。

1949 年,中国铁路路网稀疏到营业里程只有 21800 km。截至 2021 年 12 月 30 日,中国高铁运营里程突破 40000 km,稳居世界第一。2008 年,中国第一条高速铁路——京津城际高铁开通运营,这是我国第一条具有完全自主知识产权的高速铁路,也是世界上第一条运营时速达到 350 km 的高速铁路;2016 年 7 月,两列中国标准动车组在郑徐高铁成功开展时速 420 km 交会和重联综合试验;2017 年 9 月,"复兴号"动车组在京沪高铁实现时速 350 km 商业运营,为世界高速铁路商业运营树立了新的标杆;2021 年 6 月,"复兴号"高原内电双源动车组开进西藏。如今,一大批高速铁路相继建成投入运营,中国"四纵四横"高速铁路已建设了"三纵",高速铁路网初具规模,有力地带动和促进了偏远地区产业和区域经济的发展。

2021 年 8 月 1 日,《求是》杂志刊发了《打造中国高铁亮丽名片》一文,文中写道:"我国高铁发展虽然比发达国家晚 40 多年,但依靠党的领导和新型举国体制优势,经过几代铁路人接续奋斗,实现了从无到有、从追赶到并跑、再到领跑的历史性变化。"中国铁路科技创新华丽蜕变、迈上新高度,让每一位中国人清晰地看到时代的变迁。

"长风破浪会有时,直挂云帆济沧海。"百年复兴路,科技正当时,让我们守初心、强信念、跟党走,携手开启新的征程、创造新的伟业。

参 考 文 献

[1] 张诚. 安全带:维系生命之带[J]. 道路交通管理,2012(12):56.

[2] 傅志寰. 我国高铁发展历程与相关思考[J]. 中国铁路,2017(8):1-4.

[3] 曹土. CRTS I 型双块式无砟轨道施工技术研究[D]. 成都:西南交通大学,2013.

[4] 吴克俭. 无砟轨道技术再创新研究与实践[J]. 铁道工程学报,2010(6):55-60.

[5] 佘守宪,赵雁. 加加速度(加速度的时间变化率):冲击、乘坐舒适性、缓和曲线[J]. 物理与工程,2001,11(3):7-12.

[6] 丁叁叁. 高速列车车体设计关键技术研究[D]. 北京:北京交通大学,2016.

8 魅力核能，美丽中国

安徽省核工业勘查技术总院 梁楚珩

（推荐单位：安徽省地质矿产勘查局）

中国核工业是在党和国家领导人的亲切关怀下创立和发展起来的。习近平总书记在我国核工业创建 60 周年之际做出重要指示："核工业是高科技战略产业，是国家安全重要基石；要坚持安全发展、创新发展，坚持和平利用核能，全面提升核工业的核心竞争力，续写我国核工业新的辉煌篇章。"

那么，什么是核能？核能怎样造福人类呢？

8.1 核科学的奥秘

1. 核裂变与核聚变

在 19 世纪末，人们认为物质是由各种分子组成的，而分子又由原子组成。那时人们认为原子就像是一个个极其微小的实心球。直到 1896 年贝克勒尔意外发现了铀原子的天然放射性，这个发现是划时代的事件，说明原子存在着复杂的结构。随后的三十多年里，科学家通过实验相继证明了电子、质子、中子的存在，卢瑟福还提出了原子的行星轨道模型。

原子核的直径大约是头发丝直径的一百亿分之一。别看原子核那么小，在原子核的内部却蕴藏着巨大的能量，也就是"传说"中的核能。1938 年科学家用中子轰击铀原子核，发现铀原子核四分五裂，同时释放的中子会继续撞向其他铀原子核，不停地撞击，不停地裂分，发生指数级的裂变反应。裂变反应在每一次裂分时都会有质量损失，根据爱因斯坦提出的质能方程，质量没有凭空消失，而是转化为巨大的能量。如果将这些能量利用起来，那么就能造出威力巨大的武器。据推算，1 kg 铀裂变产生的能量相当于 2 万吨 TNT 炸药，利用核裂变原理制造出的原子弹，加速了日本战败投降。

科学家还发现在高温高压下，当把两种氢原子无限靠近，重新组成新的原子时，也会放出巨大能量，这就是聚变反应。核聚变释放的能量比核裂变还要高。太阳的内部每时每刻都在进行着聚变反应。氢弹利用的也是聚变反应。

2. 从铀矿到核燃料

铀-235 是自然界中相对来说大量存在的一种放射性元素，也是最容易实现可控核裂变的元素。因此，核武器和核电站的能量材料大多都是铀。铀在一般情况下以铀矿石的形式存在，铀矿石中的铀-235 含量很低，要将其提纯到 90％以上才能用来造核武器。获得 1 kg 武器级的高浓缩铀大约需要 200 吨铀矿石。电影《红海行动》中的黄饼是核燃料生产过程中的中间产品，主要成分是重铀酸铵。但黄饼并不能直接用来造核武器，还要经过纯化、同位素分离等进一步处理,相关技术非常复杂。

8.2 中国核工业发展概述

1. 英明决策,历史选择

新中国成立初期,面临严峻的形势,百废待兴。但为了打破核垄断、粉碎核讹诈,毛泽东、周恩来等老一辈革命家高瞻远瞩、审时度势,毅然做出了发展我国原子能事业的英明决策。

1950 年美国挑起朝鲜战争,试图将战火引到中国,并多次扬言要对中国使用核武器。面对美帝国主义的核讹诈,毛主席一方面霸气回应称美帝国主义是纸老虎,另一方面已开始考虑研制核武器,只有这样才能有效地维护国家安全。1954 年,在广西发现了铀矿,一下子使造原子弹的可能性变成了能够实现的目标。

1955 年 1 月 15 日,地质学家李四光将一块铀矿石带到了中南海。毛主席问:"这块铀矿石和普通的石头有什么区别呢?"钱三强拿着盖革计数器靠近矿石,计数器发出了"咔啦咔啦"的响声。毛主席非常高兴地说:"我们只要有人又有资源,什么奇迹就都可以创造出来。"因此,这块铀矿石被誉为核工业的开业之石,见证了我国核工业的开端。

2. 核星璀璨,光耀中华

在我国核工业六十多年发展历程中,涌现出一批又一批功勋卓著的建设者,他们甘做隐姓埋名人,干惊天动地事,怀着"功成不必在我、功成一定有我"的决心,攻坚克难,用自己的身躯挺起了中华民族的脊梁。

在中华人民共和国成立五十周年之际,党中央国务院表彰了为"两弹一星"事业做出突出贡献的 23 位科学家,其中有 11 位出自核工业系统。

邓稼先,是安徽的骄傲,是中国核工业的奠基人和开拓者,26 岁就在美国获得博士学位,被称作"娃娃博士"。他在拿到学位证书 9 天后就毅然返回祖国。1958 年,他开始负责原子弹研制工作,自此与家人分离,隐姓埋名 28 年。在一次核试验事故中,他不幸受到了核辐射,罹患癌症,与妻子再见时已是诀别。

于敏,被誉为"中国氢弹之父",没有留过学,被称为"国产专家一号"。他没有借鉴任何国家的经验,创造出氢弹的"于敏构型"。2019 年,他被授予共和国荣誉勋章。

王淦昌,回国时已经年过半百,却坚定地说:"我愿以身许国。"

郭永怀,连夜赶回北京进行研究汇报,夜航时飞机不幸失事。他在坠机时还紧紧抱着公文包,在生前的最后一刻还在保护着国家机密。

3. 两弹一艇,壮我军威

我国核工业是在苏联的帮助下艰难起步的,但是在 1959 年 6 月,苏联单方面撕毁合约,撤离了所有在华专家。此后,中国核工业便进入了完全自力更生的轨道上。后来中国第一颗原子弹工程的代号就确定为"596"。

新中国第一个核科学研究机构是中国科学院近代物理研究所,这里建成了中国第一座实验性重水反应堆和第一台回旋加速器,它们的建成标志着新中国进入了原子能时代。那时候，经济条件不好，工人们不怕苦、不怕脏、不怕放射性，土法上马，人工操作，很多工人因受核辐射、吸入矿尘而罹患疾病，甚至牺牲。

1964年10月16日下午3时，在新疆罗布泊沙漠腹地，巨大的蘑菇云腾空而起，中国第一颗原子弹爆炸试验获得成功。当时邓稼先负责理论设计，需要大量的数据进行推算，因为条件落后，电子计算机全国仅有两台，怎么办呢？于是上百人用算盘和手摇计算机通宵达旦地进行计算，所以也有人说，中国的第一颗原子弹是用算盘打出来的。

1967年6月17日，我国第一颗氢弹爆炸试验获得成功，距离第一颗原子弹爆炸成功仅有两年零八个月，是用时最短的国家。它的爆炸威力相当于330万吨TNT炸药，比原子弹高百倍。

1958年，国家做出研制核潜艇的决定。然而，此时可以参考的资料却仅有一个从国外买回来的核潜艇模型和两张模糊的核潜艇照片。1970年12月26日，我国第一艘核潜艇安全下水，命名为"长征1号"，艇上零部件共计4.6万个，全部自主研发制造。我国是世界上第五个拥有核潜艇的国家，从此有了远程二次核打击力量。被誉为"核潜艇之父"的黄旭华院士于2019年获得共和国荣誉勋章。

正如黄老先生所说："高精尖技术从来都是买不来求不来的，必须依靠自主创新、自力更生。"从轻水反应堆、正负电子对撞机、串列加速器到质子回旋加速器，这些都是我国核科技创新体系取得的伟大成果。在核工业军转民"二次创业"过程中，铀矿采冶、铀浓缩、核燃料组件国产化水平不断提高。我国是继美国之后第二个掌握地浸采铀技术的国家。2012年铀浓缩离心技术已经完全实现自主化和工业化应用。2018年新一代离心机投入使用，标志着我国铀浓缩技术达到国际先进水平。我国核燃料元件研发、制造水平目前也居于世界前列。自主化的原件制造产业可全面保障中国核电发展和出口需求。在核环保领域，回收、运输、处置也已经建立起较完整的产业链。我国是世界上为数不多的拥有一整套循环体系的国家，从而在根本上夯实了我国的核大国地位。

8.3　核技术应用与发展

以核反应堆供能的核潜艇可在水下续航约90天，而常规动力潜艇10天就要加一次燃料；核动力航母可以50年换一次燃料，而常规动力航母45天就要加一次燃料。

核电站就是利用核能来发电的。据推算，1 kg铀-235裂变释放出的能量相当于2700吨标准煤。用铀做成的核燃料在压力容器内发生裂变反应，产生大量的热，利用热量加热水，在蒸汽发生器内产生蒸汽，蒸汽推动汽轮机，从而带动发电机发电。核电站的发电原理和火电厂的发电原理相似，都是通过蒸汽推动汽轮机发电，只不过"烧水"的方式不同，核电站是利用原子能，火电站是利用煤的化学能。核电站比火电站环保，不会产生SO_2、氮氧化物、粉尘等污染物。

秦山核电基地目前共有9台运行机组，总装机容量为660万kW，年发电量约为520亿kW·h。截至2021年12月15日，秦山核电基地累计发电超过6900亿kW·h，相当于减排6.53亿吨CO_2，植树造林433个西湖景区。

我国目前有两张亮丽的名片，一是高铁，二是"华龙一号"。"华龙一号"是我国拥有完全自主知识产权的第三代核电技术，采用 177 根堆芯设计，发电效率更高；采用非能动安全系统，彻底杜绝了类似福岛核事故的发生可能性；采用双层安全壳设计，能抵御大型商用飞机的撞击，并将放射性物质牢牢关在安全防线内。"华龙一号"单台机组装机容量近 120 万 kW，年发电量近 100 亿 kW·h，相当于 312 万吨标准煤的燃烧发电量，减少 CO_2 排放超 800 万吨，相当于植树 7000 万棵。

利用核反应堆还可以生产各种放射性同位素，如锶-90、钚-239、镅-241。放射性同位素功能强大，已经与我们的生活息息相关。比如，利用放射线的穿透性，可以对飞机发动机、大坝、桥梁进行透视，尽早发现裂痕。射线的能量可以用于食品的保鲜、灭菌，如抑制大蒜和土豆发芽。就像晒被子是利用太阳的紫外线杀菌一样，辐照既不会有毒性和残留，也比高温和化学杀菌速度更快、效果更好，利用辐照技术对防护服、口罩、手套进行灭菌，发挥出极大的防疫作用。在诊断新型冠状病毒肺炎时，医务人员也利用了基于放射性的电子计算机断层扫描技术，即俗称的 CT，它能更清晰地显示出肺部情况。心脏起搏器的电池也用到了放射性同位素，8 年才需要换一次电池。利用辐照技术可以处理废气、废水。利用同位素碳-14 测年法可以进行考古断代。放射线治疗已经成为肿瘤治疗的主要手段，40% 的癌症可以用放疗法治疗，其优点在于可以定点攻击癌细胞，减少对人体正常细胞组织的伤害。

8.4 核安全与环境

大家可能会有疑虑，既然生活中的很多地方都利用了放射线，那么它会不会对人体产生辐射危害呢？

我们身边的事物都会产生辐射，如紫外线、红外线、微波、无线电波等。根据辐射能量的大小，可以将辐射分为电离辐射和非电离辐射。微小的辐射无处不在，只有当辐射强度达到一定程度时才值得我们警惕。

如何衡量辐射的大小呢？辐射的计量单位是毫西弗（mSv）。小于 100 mSv 的辐射对人体是没有危害的。实际上，人类一直生活在放射性环境中，每时每刻都"沐浴"在辐射中。宇宙、自然界中能产生放射性的物质有很多。例如，太阳光等宇宙射线，人体内的钾-40，岩石、土壤和水中都存在放射性物质。具体来说，人们每年摄入的空气、食物、水中的辐射照射剂量约为 0.25 mSv；乘飞机旅行 2000 km 受到的辐射剂量约为 0.01 mSv；每天抽 20 支烟的年辐射照射剂量为 0.5～1 mSv。在正常情况下，核电站对周围居民造成的辐射照射剂量平均仅为 0.02 mSv/（人·年），比一年做一次 X 光胸透检查所受的辐射还小得多。

我们日常生活中遇到的基本都是危害性很小的电磁辐射，如手机、计算机的电磁辐射。我国有相应的严格的监管体系和标准。存在高强度电离辐射的工厂、医院都会有警示标志，还会用含铅的玻璃、很厚的金属门进行防护。核事故令人谈核色变，其实历史上的几次事故都不是核爆炸，核反应堆中的铀浓度小于 3%，远低于原子弹核原料中 90% 的铀浓度。正如白酒易燃，而啤酒却很难点燃一样，核反应堆是不会像原子弹一样爆炸的。这几次事故是由自然灾害、人为操作失误、设备老化等原因引起的氢气爆炸，并不是核爆炸。

我国在汲取国外核事故的经验教训基础上,在选址、建设、运营、维护方面下足功夫,建立四道防护屏障,形成四道防御体系。运营几十年来,无一次事故发生。在核电站退役和乏燃料处理方面,我国也有明确的法律规定和程序,所有过程都会在国家核安全局的监管之下进行。

　　回望历史,中国核工业在党中央的正确领导下,勇于担当、勇于探索、勇于奉献、勇于创新,在艰苦卓绝的条件下走出了一条具有中国特色的核工业发展道路,从无到有、从小到大,形成了世界上少数国家才具备的能力。

　　展望未来,中国核工业人将继承和弘扬老一辈建设者敢为人先、以身许国凝聚而成的"事业高于一切,责任重于一切,严细融入一切,进取成就一切"的核工业精神,以安全为基石、以质量为灵魂,将核事业做大做强,争创国际一流。

　　魅力核能,让天更蓝、水更清、祖国更美丽。

参 考 文 献

[1]　罗上庚.走近核科学技术[M].北京:原子能出版社,2005.

[2]　伍赛特.核动力舰船技术发展趋势研究及展望[J].能源与环境,2020(3):12-14.

[3]　佚名.从秦山核电站到"华龙一号":记中国核电事业的逐梦努力[J].国防科技工业,2018(10):12-14.

[4]　郑可.对自己、对国家、对世界负责:记秦山核电安全发电 30 周年[J].中国核工业,2021(10):28-32.

[5]　邓茗文.中国核电:硬核助力"双碳"目标清洁赋能美好未来[J].可持续发展经济导刊,2021(8):44-48.

[6]　唐承革.核辐射离我们有多远?[J].百科知识,2011(8):20-22.

[7]　韩晓蓉.核电站爆炸≠核爆炸[J].宁夏教育,2011(4):1.

9 赏古诗,论梅雨

滁州市气象局 夏梦瑾

（推荐单位:滁州市科技局）

　　"黄梅时节家家雨,青草池塘处处蛙。有约不来过夜半,闲敲棋子落灯花。"众所周知,每年的 6～7 月,江淮一带都有一段连阴雨天气,此时恰逢江南梅子变黄、成熟,故而将这段时间的雨称为黄梅雨或梅雨。正如南宋诗人赵师秀的《约客》中所说的"黄梅时节家家雨"那般,在大部分人的认知中,梅雨季有着雨期长、范围广、雨量大的特点,每当梅雨季到来,洗的衣服半个月不干都很正常,家里到处都是湿嗒嗒、潮乎乎的,器物也极易发霉。明代李时珍在《本草纲目》中写道:"梅雨或作霉雨,言其沾衣及物,皆生黑霉也。"因此,它还有另一个形象的名字——"霉雨"。

　　然而,除了"黄梅时节家家雨"以外,在善于观察记录的文人墨客眼中,梅雨似乎还有些别的模样。南宋诗人曾几在《三衢道中》曰:"梅子黄时日日晴,小溪泛尽却山行。"意思是梅子黄透了的时候,天天都是晴和的好天气,乘小舟沿着小溪而行,走到了小溪的尽头,再改走山路继续前行。另一位南宋诗人戴复古在《初夏游张园》中道:"乳鸭池塘水浅深,熟梅天气半阴晴。"意思是小鸭子在池塘或浅或深的水中嬉戏,梅子已经成熟了,天气半晴半阴。

　　由上不难看出,同样是描述梅雨天气,梅雨季节的天气状态却是完全不同的,这就不得不说说梅雨的成因以及梅雨的种类了。

9.1 梅雨的成因

　　梅雨是东亚地区独特的天气气候现象,是东亚夏季风阶段性活动的产物,主要出现在 6～7 月中国江淮流域到韩国、日本一带。大约在 4 月下旬到 5 月上旬,北下的冷空气与南上的暖空气在华南地区汇合,形成华南准静止锋,5 月下旬,暖空气势力增强,华南准静止锋被迫北移至江淮地区,从而形成江淮准静止锋(又称为梅雨锋)。这段时间来自南方的暖空气夹带了大量水汽,当遇上较冷的气团时,便会产生大量的对流活动,由于此阶段冷暖空气势力相当,以致锋面就停留在了江淮地区。江淮流域常年平均梅雨量达 300 多 mm,可占年降水总量的 30%～40%。

9.2 梅雨的种类

　　在气象上通常把梅雨开始和结束的时间分别称为入梅(或立梅)和出梅(或断梅)。据气象部门统计,我国长江中下游地区一般在 6 月中旬入梅,7 月上中旬出梅,历时 20 天左右。

87

但是，对于各具体年份来说，梅雨开始和结束的早晚、梅雨的强弱等，存在着很大差异，因而根据梅雨开始和结束的早晚、雨量的多少将梅雨分为正常梅雨和非正常梅雨，非正常梅雨又细分为短梅、空梅、倒黄梅、早梅、迟梅、特长梅雨6种。

1. 正常梅雨

长江中下游地区正常的梅雨约在6月中旬开始，7月中旬结束，即出现于"芒种"和"小暑"两个节气内。梅雨期长20～30天，雨量在200～400 mm。"小暑"前后起，主要降雨带就北移到黄(河)、淮(河)流域，进而移到山东和华北一带。长江流域由阴雨绵绵、高温高湿的天气开始转为晴朗炎热的盛夏。这种梅雨季的高温、高湿对生活在南方的北方文人的影响尤其明显，明代诗人王廷相在《苦热》中曾言："南京六月梅雨积，温湿蒸炎闷杀人。"据统计，这种正常梅雨占总数的一半左右。

2. 非正常梅雨

(1) 早梅雨

有的年份，梅雨开始得很早，在5月底6月初就会突然到来。早梅雨从概念上讲，指的是因初夏向盛夏季节转换来得早而形成的夏季连阴雨，具有梅雨的性质，符合我们所规定的入梅，于是称其为早梅雨。

在气象上，通常把"芒种"以前开始的梅雨统称为早梅雨。早梅雨往往会带来一些反常的现象。例如，由于在梅雨刚刚开始的一段时间内，靠近地面的大气层里，南下的冷空气活动频繁，此时气温仍然比较低，加上阴雨天气甚至有冷飕飕的感觉，农谚"吃了端午棕，还要冻三冻"表述的就是这个现象。长江中下游部分地区的农民，也把这段时间温度比较低的梅雨称为冷水黄梅。

(2) 迟梅雨

与早梅雨相反，我们将6月下旬以后姗姗来迟的梅雨称为迟梅雨。迟梅雨的出现概率比早梅雨大。因为迟梅雨开始时节气已经比较晚，暖湿空气一旦北上，势力就很强，加上此时太阳辐射也比较强，空气受热后，容易出现激烈的对流，所以迟梅雨常常多雷阵雨天气，人们也把这种黄梅雨称为阵头黄梅。迟梅雨的持续时间一般不长，平均只有半个月左右。不过，这种梅雨的降雨量有时却比较大。

(3) 短梅、空梅

有些年份梅雨就像来去匆匆的过客，在长江中下游地区只停留十来天，且难得有1～2次大雨，这种情况称为短梅。

有些年份从初夏开始，江淮流域一直没有出现连阴雨天气，多数日子是白天晴朗暖和，夜晚凉爽舒适，呈现出"黄梅时节燥松松"的天气，甚至本来在梅雨时节经常出现的器物发霉现象也几乎不会发生。这段舒爽的日子一过去，紧接着就转入盛夏，这种5～8月未出现入梅条件的情况称为空梅。

短梅和空梅的出现概率平均为每十年1～2次，但短梅和空梅年份常常有伏旱发生，有些年份甚至会出现大旱。

(4) 倒黄梅

有些年份似乎已经出梅了，天气转晴，温度升高，开始出现盛夏的特征。可是，几天以后又重新出现闷热潮湿的雷阵雨天气，并且维持一段时间。这种情况就是黄梅雨重返江淮片区，所以称之为倒黄梅。

"小暑一声雷，倒转半月做黄梅"是长江中下游地区广为流传的一句天气谚语，意思是说如果在小暑节气的时候打雷，那么就预示着雨带还会维持一段时间。这是有一定道理的，因为梅雨结束之后，长江中下游地区的天气通常会越来越稳定，况且时至小暑，冷空气基本已不再影响长江流域，而雷雨的出现和北方小股冷空气南下有关，这种冷空气南下，有利于雨带在长江中下游重新建立。一般来说，倒黄梅维持的时间也不长，短则一周左右，长则十天半月，但是在倒黄梅期间，由于多雷阵雨，雨量往往相当集中，这是需要注意的。

（5）特长梅雨

顾名思义，特长梅雨就是指梅雨期时间特别长。正常梅雨的降雨期在 20 天左右，而特长梅雨的降雨期可以翻倍达到 40 天，甚至长达两个月，如 1954 年长达两个多月的梅雨就是特长梅雨。

9.3 梅雨的影响

从古诗、谚语里描述的各种梅雨中，大家不难发现，黄梅雨实际上是多种多样的，它们之间的差别，有时会相当悬殊。可别小看了这梅雨，梅雨季节的时间长短、雨量多寡，将直接影响江淮流域的农业生产和国民经济。

6～8 月是农作物生长、发育和成熟的关键时期，6 月上旬正值芒种节气，农业生产进入夏收、夏种、夏管的"三夏"大忙季节，如遇早梅雨，此时温度低、雨水多，则早熟小麦将无法收获，刚收的油菜无法晒场脱粒，棉花苗期受低温高湿影响，易受明涝暗渍，致根系不发、棉苗不壮。由于阴雨低温寡照，早稻将出现黄叶、黑根和僵苗现象，影响苗期分蘖。水稻在生长前期或后期水淹超过植株顶部时间越长，受害越重，若淹水超过 7 天，则基本是苗死无收。7 月上旬，正常梅雨基本出梅，正值水稻抽穗开花阶段，若遇特长梅雨，则对水稻、棉花、玉米和甘薯等喜温作物的生长发育不利，对瓜果、蔬菜的生长和糖分的积累也不利。若遇空梅或短梅，连续高温酷暑，伏旱早发，缺水严重，则会导致水稻空瘪粒和棉花蕾铃脱落增加。8 月正值大秋作物旺盛生长阶段，需充足的日照和水肥条件，这是争取秋熟作物丰收的关键时期，这时期如果雨水过多或秋旱接伏旱，那么必造成农业生产的严重歉收。

从 1939 年～1999 年这 60 年中，1934 年、1958 年、1965 年都是空梅，这三年的 6 月底至 7 月，西北太平洋副热带高压骤变，增强北扩，一下跳空，越过江淮后直接进入我国北方，致梅雨落空，而北方雨季随之提前，局部多雨。这时江淮地区便处在北方雨带之南的西北太平洋副热带高压控制区内，晴热少雨。并且空梅与伏旱相连，长期高温酷暑，对这一带影响甚大。据统计，1934 年空梅干旱的经济损失约百亿银元。1978 年梅雨期只有短短的 7 天便匆匆结束，而且雨势又弱，以致"烟雨江南"难见烟雨。晴空万里，烈日直射大地，高温、低湿酿成了 20 世纪罕见的特大干旱。两大"动脉"黄河和长江明显地出现"贫血"症状，严重影响沿黄和沿江经济带，这两个经济带内的 16 个省区干旱面积达 2.9 亿亩(1 亩＝666.7 平方米)。旱情波及华北、西北东部、东北和西南等地，从而令农业遭受重大损失。长江中下游沿岸农田死苗 700 多万亩,鄂皖等省双季晚稻减少播种面积 1000 多万亩,山西秋粮作物旱死 300 万亩。人畜用水也成了问题,仅湖南、湖北和江西 3 省就有近 200 万人出现饮水困难。

1954 年,长江中下游地区在 5 月下旬春雨就已经很多,梅雨又来得很早,6 月初就入梅了。入梅后一直阴雨连绵,并且不时有大雨、暴雨出现,直到 8 月初才出梅。这一年长江中下游地区各地市 5～7 月三个月的雨量一般都达到 800～1000 mm,接近该地区正常年份的全年雨量。部分地区雨量多达 1500～2000 mm,相当于同一地区一年半的雨量。梅雨期内大范围的强暴雨过程一次紧接一次,导致 1954 年洪水泛滥成灾。像 1954 年这样阴雨时间达到两个多月,造成长江流域发生全流域性洪水的现象是极为罕见的。另外,1998 年的大水也是由特长梅雨造成的。

由此可见,梅雨是一种很复杂的气候现象,它远不像农历历书上写的入梅、出梅那样简单。只有充分了解了梅雨的多面性,我们才能够科学应对,不至于谈"梅"色变。

参 考 文 献

[1] 渠红岩.论梅雨的气候特征、社会影响和文化意义[J].湘潭大学学报(哲学社会科学版),2014,38(3):157-161.

[2] 李广春.对梅雨天气划分的几点看法[J].气象,1980,6(11):14-15.

[3] 徐维军.梅子黄时雨[J].科学大众(小学版),2003(6):10-12.

[4] 梁萍,丁一汇,何金海,等.江淮区域梅雨的划分指标研究[J].大气科学,2010,34(2):418-428.

[5] 朱宗圣.南京地区异常梅雨与夏季旱涝灾害[J].南京晓庄学院学报,1996,12(4):70-74.

[6] 汪勤模.梅雨的罪恶[J].科学大观园,2004(6):21.

[7] 章淹,范钟秀.长江三峡致洪暴雨和洪水的中长期预报[M].北京:气象出版社,1993.

10　冰雹的奋斗史

安徽省气象局　王　悦　郑淋淋　谢菲　邵立瑛　高　超
（推荐单位：安徽省气象局）

从古至今，冰雹给人类造成了巨大的经济损失和人员伤亡，损毁作物、果树、蔬菜，使其减产或绝收，破坏房屋、车辆，砸死砸伤人员牲畜。为什么小小的冰雹竟会有如此强大的伤害力呢？冰雹虽然很小，但它从 1000 m 高空落下时的冲击力相当于从 3 层楼的高度丢下个花盆，杀伤力不容小觑。

10.1　冰雹的定义

冰雹是一种固态降水物，是圆球形、圆锥形或形状不规则的冰块，由透明层和不透明层相间组成（图 2-10-1）。

图 2-10-1　冰雹

10.2　冰雹天气

冰雹直径通常为 5～50 mm，最大可达 10 cm 以上。冰雹的直径越大，破坏力也就越大。冰雹出现的范围较小，时间比较短，破坏力很强，通常伴随狂风、强降水、急剧降温等天气灾害。

10.3　冰雹的发生时间

冰雹有明显的季节性，一般多发生于春季和夏季，冰雹的出现时间大多在午后到傍晚。

10.4　冰雹的等级

冰雹等级的划分标准如表 2-10-1 所示。

表 2-10-1　冰雹的等级

等级	冰雹直径
小冰雹	$D < 5$ mm
中冰雹	5 mm $\leqslant D < 20$ mm
大冰雹	20 mm $\leqslant D < 50$ mm
特大冰雹	$D \geqslant 50$ mm

10.5　冰雹的形成

图 2-10-2 所示为一片发展旺盛的积雨云，其按照温度可分成三层：温度高于 0 ℃ 的最底层，由普通水滴组成；介于 $-20 \sim 0$ ℃ 之间的中间层，包含过冷水滴、冰晶和雪花；温度低于 -20 ℃ 的最上层主要由雪花和冰晶组成。

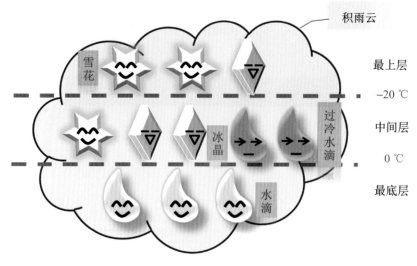

图 2-10-2　积雨云内的温度分层

当遇到一股强盛的上升气流时,底层的水滴就会被源源不断地送往中间层,随着温度的降低和气流的推升作用,普通水滴升级为过冷水滴(图 2-10-3)。

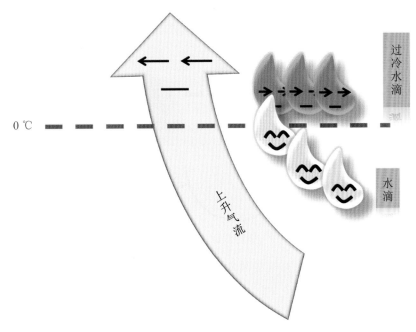

图 2-10-3　上升气流的推升作用

这时中间层会变得越来越拥挤,容纳了大量的过冷水滴和冰晶,相邻的过冷水滴和冰晶会不断地相互摩擦、碰撞(图 2-10-4)。

过冷水滴和冰晶碰撞就产生了冰雹初生代,在气象上我们称之为雹胚,也就是我们常说的冰雹核心(图 2-10-5)。

图 2-10-4　过冷水滴和冰晶碰撞　　　　　　　　图 2-10-5　冰雹核心

一片旺盛的积雨云中会源源不断地有新的冰雹核心碰撞并产生,但是新合体形成的冰雹核心往往会随着其自身重量不断增加而逐渐从中间层掉落到 0 ℃层以下(图 2-10-6)。

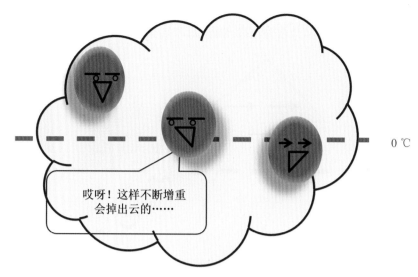

图 2-10-6　雹胚的增重

积雨云中旺盛而强烈的上升气流再次将增长后的雹胚送上高空,这又会带来新一次的降落(图 2-10-7)。

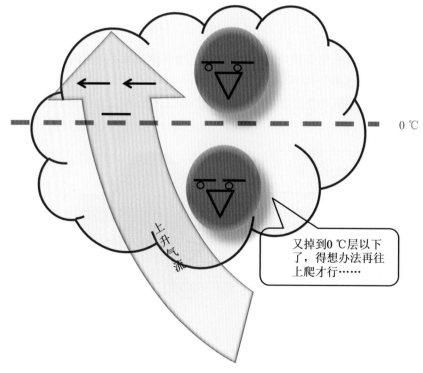

图 2-10-7　上升气流抬升雹胚

在－20～0 ℃的温度区间内,周边的过冷水滴被不断地吸附到雹胚表面,在其表面的水滴因温度降低而发生冻结,从而包裹住原本的雹胚(图 2-10-8)。

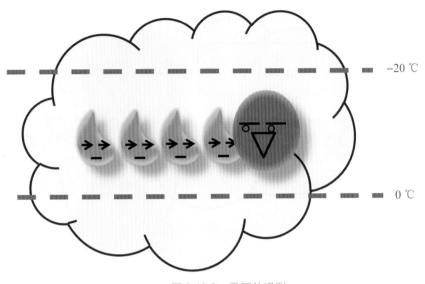

图 2-10-8　雹胚的吸附

经历一次又一次上升、降落的循环往复,雹胚变得越来越大、越来越重(图 2-10-9)。

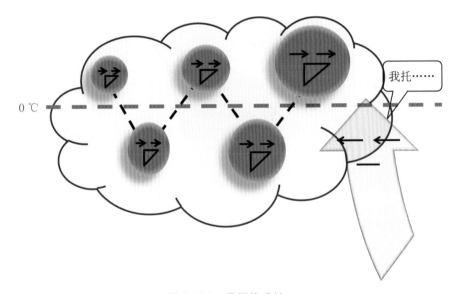

图 2-10-9　雹胚的成长

几经沉浮,当上升气流再也没办法承载雹胚的重量时,它便会掉下云层(图 2-10-10)。

在降落过程中,越接近地面温度越高,雹胚也会逐渐融化变小。如果到达地面后仍然是冰粒状,那么我们就称之为冰雹(图 2-10-11)。

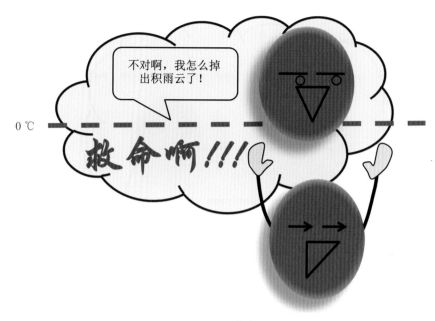

图 2-10-10 雹胚的降落

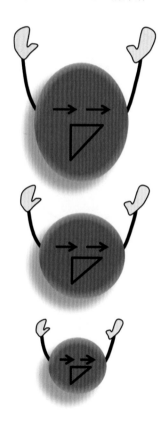

图 2-10-11 冰雹

10.6　冰雹预警

1. 橙色预警

橙色预警是指 6 h 内可能出现冰雹天气,并可能造成雹灾,预警标志如图 2-10-12 所示。

图 2-10-12　冰雹橙色预警标志

2. 红色预警

红色预警是指 2 h 内出现冰雹的可能性极大,并可能造成重雹灾,预警标志如图 2-10-13 所示。

图 2-10-13　冰雹红色预警标志

10.7　防雹方法

(1) 用火箭、高炮或飞机发射催化剂(如碘化银、干冰);

(2) 在多雹地带种植牧草和树木,增加森林面积,改善地貌环境;

(3) 增种抗雹和恢复能力强的农作物,及时抢收成熟作物;

(4) 多雹灾地区在降雹季节,农民抢收作物时随身携带防雹工具,如竹篮等。

参 考 文 献

［1］　于波,鲍文中,王东勇,等.安徽天气预报业务基础与实务［M］.北京:气象出版社,2013.

［2］　朱乾根,林锦瑞,寿绍文,等.天气学原理和方法［M］.北京:气象出版社,2007.

［3］　洪延超.冰雹形成机制和催化防雹机制研究［J］.气象学报,1999,57(1):15.

［4］　许焕斌,段英.强对流(冰雹)云中水凝物的积累和云水的消耗［J］.气象学报,2002,60(5):10.

［5］　洪延超,肖辉,李宏宇,等.冰雹云中微物理过程研究［J］.大气科学,2002,26(3):421-432.

11　小身材,大用途:神奇的纳米金

安徽大学　杜袁鑫

（推荐单位:安徽大学）

你能想到这些溶液中含有黄金吗? 通常情况下,我们认为黄金应当是金灿灿的,然而,在纳米(nm)尺度下,黄金并不是黄色的,它们的颜色会随着体积大小的变化而改变,会呈现出从红色到蓝紫色等多种多样的颜色。

在日常生活中,从医疗行业到电子产品,纳米材料无处不在。小于 100 nm 的材料才能叫作纳米材料,纳米是百万分之一毫米,人类头发的直径是其 10 万倍左右。因为材料在纳米尺度下,会呈现出与同类型大尺寸块体材料截然不同的性质,所以虽然纳米金的体积很小,但是它们的作用可不小。

11.1　光学传感器

纳米金具有表面等离子体共振效应——一种光和物质之间特殊的相互作用。黄金是金属,内部的电子可以自由移动,只要使用的光波长合适,电子就可以以相同的频率振动,这就是表面等离子体共振效应。基于这种效应,纳米金具有特殊的光学性质,可以利用这一特性,发展基于纳米金的光学传感器。例如,待测物的加入会引起金纳米颗粒聚集,因为金纳米颗粒分散态和聚集态的等离子体吸收特性有所不同,表现出颜色的显著变化,所以仅用裸眼就可以对待测物进行定性或半定量测量。

举个例子,利用纳米金可以裸眼检测牛奶中的三聚氰胺。近年来,食品安全问题层出不穷,尤其是食品中的三聚氰胺检测问题备受关注。三聚氰胺俗称密胺、蛋白精,它的氮含量很高,可用作化工原料,但是不可用于食品加工。然而,一些利欲熏心的商人,利用它氮含量高的特点,将其混合在乳制品等产品中冒充蛋白质,以提高产品中氮的检测含量,降低产品成本。但是,过多地摄入三聚氰胺会引发肾脏疾病,儿童受到的伤害则更为严重。检测三聚氰胺有很多方法,但一般比较复杂,是否有简单且快速的检测三聚氰胺的方法呢?

考虑到纳米金因其分散性及颗粒大小的不同而呈现出不同颜色,那么我们能否利用这一颜色变化来检测三聚氰胺呢? 接下来,我们将通过一个小实验来验证下。首先,使用柠檬酸钠还原氯金酸的方法来制备纳米金,将氯金酸水溶液加热至沸腾,在持续搅拌下缓慢加入柠檬酸钠水溶液,溶液的颜色由金黄色变为紫红色,表示成功合成纳米金;接着,向纳米金中逐滴加入三聚氰胺,可以明显观察到,溶液颜色由酒红色慢慢变为蓝色或紫色。这是由于三聚氰胺的加入,导致纳米金聚集,继而引起了颜色的变化。通过这一颜色的明显变化,仅用裸眼便可实现食品中三聚氰胺的快速检测,这将大大提高监管部门对食品安全检测的工作效率,有力地保障人民群众的食品安全。

11.2　太阳能电池

染料敏化太阳能电池具有许多优点,如高效、廉价、制备工艺简单、易于实现大规模生产、柔性化等,是第三代太阳能电池的杰出代表。然而,因为对太阳光谱的利用率不足,其实际转化效率与第一代硅晶片太阳能电池相比仍然较低,所以该类型太阳能电池的商业化进程还较为缓慢。引入纳米金可以有效改善太阳能电池的光吸收,可以实现整个可见光乃至红外光区域的光吸收和捕获。与其他改善光吸收的方法相比,该方法的主要优势是成本低、方法简便。当光照射到纳米金结构上时,入射光子与导带电子发生耦合,引起电子的集体振荡,从而产生表面等离子体共振。通过设计纳米金的尺寸和几何形状,可以调节纳米金结构的表面等离子体共振,捕获特定波长的太阳光,进而补充或增强敏化剂的光吸收,由此增加太阳能电池总的光捕获,提高太阳能电池的光电转换效率。

11.3　癌症治疗

纳米金还可以用于癌症治疗。我们知道,光是能量的一种传播方式,根据波长的不同,光可以分为紫外光、可见光以及红外光等,近红外区 800～1200 nm 是生物组织的投射窗口,近红外激光对人体的伤害与其他波段的激光相比,要小很多,并且更容易穿透皮下深层组织,到达肿瘤细胞。近红外光热疗法就是利用物质能够吸收近红外光并产生热量,进而杀死癌细胞的新型治疗方法。其中,纳米金作为一种新型的纳米材料,具有吸收红外光并发热的功能,从而杀死癌细胞。我们可以通过改变纳米金的形状和尺寸,将它的共振频率调节到近红外光区域,使其实现对可见光到近红外区的光谱的强吸收,进而使光能高效地转换为热能。金具有良好的生物相容性,对人体的副作用小,并且纳米金尺寸较小,容易进入细胞。此外,还可以在纳米金表面进一步修饰上能够与肿瘤细胞特异性相结合的物质,选择性靶向肿瘤。当纳米金进入体内,瞄准肿瘤部位时,进行红外光照射,肿瘤区域范围内的温度就会急剧升高,一旦温度超过 42 ℃,肿瘤细胞就可以被杀死,所以利用纳米金特殊的光热效应可以实现"加热"肿瘤、杀死癌症细胞的目的。采用这种纳米金辅助激光光热作用的方法,可以实现对癌细胞的选择性破坏,且不损害健康细胞(图 2-11-1)。

11.4　工业催化

块体黄金是惰性的,不会和 O_2 反应,所以人们常常喜欢佩戴含有黄金的饰品。然而,在更小的尺度下,金则是优异的催化剂。虽然纳米材料很小,但是其相对表面积很大。如果把东西切得更小,那么它们整体的表面积就会增加。想象一下,如果把一个方块从中间切开,那么它的总质量没有变化,但是多出了两个新的面,表面积增加了,表面积越大,材料和周围环境的接触面积就越大。接触面积很重要,大的材料变成纳米尺度的材料后,多出来的表面

图 2-11-1　纳米金应用于癌症治疗

积会让化学反应更快，所以纳米材料是很好的催化剂。当纳米金的尺寸进一步减小时，其表面原子比例增加，电子和结构属性也会发生根本性变化。此时，纳米金的反应活性会与块体金大不相同。例如，直径小于 2 nm 的金纳米团簇，因为表面原子比例增加，其电子和结构属性也发生了根本性变化，所以金纳米团簇可以作为优异的催化剂，如 10 个原子左右的金纳米团簇可以将 CO 转化成 CO_2。如今，纳米金催化已经广泛应用在精细化学品合成、大气污染物消除、氢能的转换和利用等领域。

别看它们身材小，它们的用途可不少。纳米金不仅可以用于光学传感、太阳能电池，还可用于癌症治疗和工业催化等领域。

参 考 文 献

[1] Alex S，Tiwari A. Functionalized Gold Nanoparticles：Synthesis，Properties and Applications-A Review［J］. Journal of Nanoscience and Nanotechnology，2015，15（3）：1869-1894.

[2] Jang Y H，Jang Y J，Kim S，et al. Plasmonic Solar Cells：From Rational Design to Mechanism Overview［J］. Chemical Reviews，2016，116（24）：14982-15034.

[3] Kohout C，Santi C，Polito L. Anisotropic Gold Nanoparticles in Biomedical Applications［J］. International Journal of Molecular Sciences，2018，19（11）：3385.

[4] Liu L，Corma A. Metal Catalysts for Heterogeneous Catalysis：From Single Atoms to Nanoclusters and Nanoparticles［J］. Chemical Reviews，2018，118（10）：4981-5079.

12　保护臭氧层

阜阳幼儿师范高等专科学校　闫添龙

（推荐单位：阜阳市科技局）

我们为什么每天都能安然无恙地生活在地球上？我们为什么不能在别的星球生活呢？其实每天都有一把"伞"在保护着我们。虽然这把保护伞我们看不见、摸不着，但是它时时刻刻都在保护着我们不被太空中的辐射所伤害，它就是臭氧层。

相信大家对"臭氧层""臭氧层空洞""氟利昂""氟氯烃"这些名词并不陌生，保护臭氧层是全人类共同关注的热点问题，那么我们要怎样保护臭氧层呢？它们之间有着什么样的故事呢？接下来，我就通过这篇文章向大家详细地讲解什么是臭氧层和臭氧层空洞，以及我们该如何科学地保护臭氧层。

12.1　什么是臭氧层？

1. 臭氧

臭氧是氧气(O_2)的一种同素异形体，化学式是O_3，式量为47.998，有鱼腥气味的淡蓝色气体。臭氧有强氧化性，是比O_2更强的氧化剂，可在较低温度下发生化学反应。例如，它能将银氧化成过氧化银，将硫化铅氧化成硫酸铅，与碘化钾反应生成碘；松节油、煤气等在臭氧中能自燃；有水存在时臭氧是一种强力漂白剂；与不饱和有机化合物在低温下反应，生成臭氧化物。臭氧可用作强氧化剂、漂白剂、皮毛脱臭剂、空气净化剂、消毒杀菌剂、饮用水的消毒脱臭剂。在化工生产中常用臭氧化反应来代替催化氧化或高温氧化，从而简化生产工艺并提高生产率。液态臭氧还可用作火箭燃料的氧化剂。臭氧存在于大气中，靠近地球表面的浓度为0.001～0.03 ppm，是由大气中O_2吸收了太阳释放的波长小于185 nm的紫外线后生成的，臭氧层可吸收太阳光中对人体有害的短波（30 nm以下）辐射，防止这种短波辐射到达地面，使生物免受紫外线伤害。

2. 臭氧层

何为臭氧层呢？自然界中的臭氧大多分布在距地20～50 km的大气中，我们称之为臭氧层，臭氧层中的臭氧主要是由紫外线制造出来的。紫外线分为三种：长波紫外线、中波紫外线和短波紫外线。一般的O_2分子只有两个氧原子，O_2分子在受到短波紫外线照射后分裂，有些氧原子会直接和O_2分子结合形成全新的物质，这种物质就是臭氧。由于其比重大于O_2，会逐渐地向臭氧层的底层下落，在下落过程中随着温度上升，臭氧的不稳定性趋明显，在受到长波紫外线照射后，再度还原为O_2。臭氧层保持着这种O_2与臭氧相互转换的动态平衡状态。

臭氧层是大气层的平流层中臭氧浓度最高的部分,大概有 3 mm 厚(将臭氧分子按空气浓度排列成一层),随着季节、天气、纬度的不同,臭氧层的厚度会发生变化。

12.2　臭氧层的作用与臭氧层空洞的形成

1. 臭氧层的作用

我们已经知道什么是臭氧层了,那么臭氧层有什么作用呢?臭氧层有三个作用:

(1)保护作用。臭氧层在地面以上 20～30 km 高的大气中,相当于是地球的一件"防护服",在地球上空保护着地球上的生命。它吸收太阳光中波长 306.3 nm 以下的紫外线,让地球上的生命免遭短波紫外线伤害,只有长波紫外线和少量的中波紫外线才可以穿过臭氧层照射到地面,长波紫外线对生物细胞的伤害比短波紫外线轻微得多。

(2)加热作用。臭氧层吸收太阳光中的紫外线,并将其转换为热能加热大气。由于这种作用,大气温度梯度在地面以上 50 km 左右有一个峰,地球上空 15～50 km 存在着升温层。正是因为存在着臭氧,所以才有平流层的存在,大气的温度梯度对于大气循环具有重要的影响。

(3)温室气体的作用。在对流层上部和平流层底部,如果这一地方臭氧含量减少,则会产生使地面气温下降的动力。

不过臭氧太多了也不好,因为臭氧本身就是一种温室气体,它在大气中的浓度变化也会对地球的温室效应造成影响,近地面的臭氧是一种对生态系统有害的污染物。

2. 臭氧层空洞的形成

臭氧层空洞是什么呢?顾名思义,就是臭氧层破了一个洞。

有一种叫作氟氯烃(又名氟利昂)的化学物质是形成臭氧层空洞的主要元凶。氟氯烃是指含有元素碳、氟、氯的分子,是一种无毒、无味、沸点低、易液化、没有腐蚀性的气体。氟氯烃主要存在于制冷剂、发泡剂等物质中,当氟氯烃暴露在大气中时,会被大气中的紫外线照射分解,生成含氯的物质,这些物质会与臭氧发生链式反应,导致臭氧浓度持续下降。

1958 年,人类发现臭氧层开始减少。20 世纪 80 年代,在南极上空首次出现臭氧层空洞。

12.3　臭氧层减少的危害

臭氧层空洞的出现会使照射到地面的紫外线增加,过量的紫外线会使人和动物的免疫力下降,人类患皮肤癌和白内障的概率增加。

科学研究表明,大气中的臭氧每减少 1%,照射到地面的紫外线就会增加 2%,人类皮肤癌的发生率就会增加 4% 以上。世界卫生组织曾做过统计,每年大概有 2000 万人因为白内障致盲,其中约 20% 是由强太阳光辐射导致或者加剧的;每年有约 200 万人患非黑素细胞性皮肤肿瘤,约 20 万人患皮肤恶性黑色素瘤;每年大概有 6.6 万人死于皮肤恶性黑色素瘤和各种皮肤癌,导致这些肿瘤和皮肤癌的原因主要是受到过多的太阳辐射(紫外线辐射)。

臭氧层经常遭受破坏,从而对地球生物造成伤害,这在历次生物大灭绝中发挥着至关重要的作用。地球上曾经发生过五次大规模的生物灭绝事件,几乎都跟臭氧层受到大规模破坏有关。

　　距今3.75亿年前,发生了泥盆纪晚期生物大灭绝,灭绝的海生动物达70多科,陆生生物也遭受重创。美国伊利诺伊大学学者于2020年8月24日在趣味科学网站刊文称,他们发现泥盆纪和石炭纪过渡期的数千年的化石孢子都显示出被紫外线破坏的迹象。他们据此认为,一场来自太空的突如其来的灾难性事件对地球臭氧层造成了持久性破坏,而最大的可能就是太阳系附近的超新星爆发,使得地球生物大规模死亡。

　　科学家研究表明,在距今4.4亿年前的奥陶纪末生物大灭绝、2.52亿年前的二叠纪末生物大灭绝、2亿年前的三叠纪末生物大灭绝和6600万年前的恐龙大灭绝中,虽然导致生物灭绝的原因有所不同,但是在灭绝灾难发生期间,地球大气层中的臭氧层都受到了大规模的破坏,甚至消失。这无疑会让地球环境更加恶化,使处在灾难中的地球生物雪上加霜,加速了它们的灭绝。

12.4　如何保护臭氧层

　　《保护臭氧层维也纳公约》和《蒙特利尔议定书》是保护臭氧层的国际环境公约。1987年9月16日,26个国家在加拿大蒙特利尔签署了《蒙特利尔议定书》,由此联合国将每年的9月16日确立为国际保护臭氧层日。我国自1991年加入《蒙特利尔议定书》以来,一直积极推动国内消耗臭氧层物质的替代工作,淘汰量超过27万吨,占发展中国家淘汰量的一半以上,为议定书履约做出了重要贡献。

　　我们作为消费者,在选购空调、冰箱、冰柜、热水器时应注意看制冷剂成分、发泡剂成分和产品环保标识,不购买含有消耗臭氧层物质的产品。处理废旧冰箱、空调等电器时,应交由正规厂商进行处理,不随意丢弃。尽量少开私家车、多乘坐公交车,倡导绿色出行。身为一名准教师,我应告诉学生保护环境是我们的责任,告诉学生保护臭氧层的重要性,以便让学生从小树立起保护臭氧层的意识,并积极参与到保护臭氧层的行动中。保护臭氧层是我们每一个人的责任和使命,让我们积极践行绿色生活方式,共同保护臭氧层。

参 考 文 献

[1] 沈鑫甫.中学教师实用化学辞典[M].北京:人民音乐出版社,1998.
[2] 冯伟民.臭氧层:地球生命的"保护伞"[N].科普时报,2021-03-12(4).

第 3 篇

安徽省优秀科普微视频获奖作品

1　神秘的南极

中国科学院科学传播研究中心　张静明
（推荐单位：时代新媒体出版社有限责任公司）

1.1　南极在哪里

南极究竟在哪里？顾名思义，南极自然就是地球的最南端。一般把南纬60°以南的地区称为南极洲。它是南大洋及其岛屿和南极大陆的总称，总面积约为6500万 km^2。

1. 南极洲的诞生

在很久很久以前，地球上的几大洲是连在一起的，叫作冈瓦纳古陆。后来由于地壳活动，冈瓦纳古陆裂成几块，再加上地球旋转产生的离心力，使得这些分开的陆地发生了"漂移"，漂着漂着，就形成了今天地球上大陆的分布格局。

大约3900万年前，澳大利亚与南极洲完成最后分离，南极半岛也和南美洲分离。又过了漫长的时间，南极洲才到达现在的位置。

2. 南极点

南极点的位置非常特殊，站在南极点上，只有北方一个方向，太阳一年只升落一次：有半年太阳永不落，全是白天；有半年见不到太阳，全是黑夜。

3. 南极大陆

南极洲是世界第七大陆，是地球上唯一没有原住民的大陆。整个南极大陆被一个巨大的冰盖所覆盖，年平均降水量仅为55 mm，是世界上最干旱的大陆，所以被称为"白色的沙漠"。南极平均海拔2350 m，是平均海拔高度最高的大陆。因为南极大陆至今没有常住居民，更没有工业废物污染，所以是世界上最洁净的大陆。但是，由于气候环境恶劣，南极也成为最荒凉、最孤寂的大陆。

4. 南极半岛

南极半岛是南极洲唯一一块在南极圈外的领土。它位于西南极洲，是南极大陆最大、向北伸入海洋最远的大半岛（图3-1-1）。这里是南极洲与其他大陆距离最近的地方。不过，这个"最近"至少也有970 km（南极洲和南美洲之间的德雷克海峡的宽度）。

1.2　南　极　的　山

说到南极的山，有两座最有名。一座是文森峰（图3-1-2），它是南极最高的山，位于西南极洲，是南极大陆埃尔沃斯山脉的主峰。

图 3-1-1 南极半岛

图 3-1-2 南极文森峰

　　另一座是西德利火山，它是新发现的南极火山。南极表面的冰层厚达 2000 m 左右，但是下面的基岩却很薄，所以岩浆容易突破基岩而喷出，形成火山。由于南极大陆厚厚的冰层形成了巨大压力，其与地层构造的挤压力相互平衡，分散和减弱了地壳的形变，从而很少发生地震。然而，最近出现的一些地震事件可能与这座火山存在关联。

1.3 南极的水

1. 南极的河流：奥尼克斯河

在南极极昼期间，24 h不落的太阳给这块冰封的大陆多多少少带来了一些暖意，在南极洲沿岸较为暖和的区域，冰雪会有部分融化。融化出的水只能汇集成一些涓涓细流。地处东南极洲怀特岩的奥尼克斯河，算是南极大陆上最大的河流，但其水深也不过膝。在大陆周围的岛屿上，夏季的冰雪水也能汇集成季节性的溪流。不过，无论在南极哪个地方，一到冬季，所有的河流都会消失。

2. 南极的湖泊：东方湖

东方湖是存在于南极冰盖下3750 m深处的冰下湖。南极冰下湖的主要热量来源于地热。在达到一定条件后，冰下湖水温度就会升高，从而维持整个湖泊呈液态。尤其是厚达数千米的冰盖，像"羽绒服"一样盖在湖面上，阻止了热量散失。湖中极有可能存在未知生命。

3. 南极的冰

南极的冰至少有五种形式。

一是冰盖（图3-1-3），即覆盖在南极地表的大范围的常年不化的冰雪，像盖子一样盖在南极地表。

图3-1-3 南极冰盖

二是冰架，又称冰棚（图3-1-4），它是一片厚大的冰，是冰川或冰床流到海岸线上形成的。

三是雪脊，它是南极洲一种常见的地貌，在广阔的雪地和冰面上形成涟漪状的冰雕，从远处看就像是沙漠中的沙丘。这些雪面波纹被称作雪脊。

四是冰川，即流动的冰河。南极洲的兰伯特冰川宽64 km，与上游的梅洛尔冰川合计长

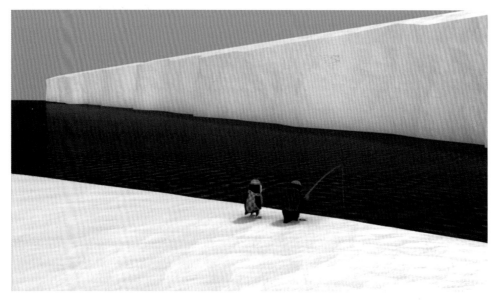

图 3-1-4　南极冰架

约 402 km,是世界上最长的冰川。

五是冰山。由于冰川向外运动,向海洋伸出长长的冰舌,在海浪的作用下,冰舌会断裂,大块冰漂浮在洋面上就形成了冰山。

1.4　南极的气候

南极大陆的气候特征:酷寒、大风、干燥。

酷寒,其根本的原因是南极洲地处地球最南端,又是高纬地带,年太阳辐射量小;平均海拔最高,气温低;冰层厚,强烈反射太阳光,外部的西风环流也阻挡了热量的交换。

大风,是地球上其他地方无可比拟的。这里每年超过 300 天刮着平均 8 级以上的大风。其原因在于南极大陆雪面温度低,附近的空气迅速被冷却收缩而变重、密度增大。到了沿海地带,因地势骤然下降,冷气流下滑的速度加大,于是就形成了强劲的速度极快的下降风。因此,南极被称作世界的风极。

干燥,是因为南极大陆四周被西风漂流环绕,而西风漂流是寒流性质,且南极气候寒冷,于是形成了强大的极地高压,受其控制的地方降水稀少,所以这又加剧了南极的寒冷和干燥。因此,南极又被称作世界的旱极。

1.5　南极的生物

1. 南极的鸟类

南极的鸟主要有四种。

一是企鹅。现存企鹅家族中个体最大的是帝企鹅(图 3-1-5),身高 90 cm 以上,最高可达 120 cm,体重可达 50 kg。因为它比王企鹅还高一头,所以人们给它取名"皇帝企鹅",简称帝企鹅。

图 3-1-5　帝企鹅

　　二是南极信天翁(图 3-1-6),南极地区最大的飞鸟,也是世界飞鸟之王。它身披白色羽毛,尾端和翼尖带有黑色斑纹,躯体呈流线型,展翅飞翔时,翅端间距可达 3.4 m,体重达五六千克。南极信天翁号称飞翔冠军,可绕极飞行,日行千里;空中滑翔时,可连续数小时不扇动翅膀,仅凭借气流的作用就可在"波峰浪谷"间滑翔。

图 3-1-6　南极信天翁

三是威尔逊风暴海燕,南极地区个体最小的飞鸟。它在南极沿岸的石缝中做窝,体重仅36 g,下的蛋不及蚕豆大。但威尔逊风暴海燕飞翔速度极快,抗风能力很强,能在强大的风暴中飞翔。

四是蜈蚣草燕鸥(图 3-1-7),俗称南极燕鸥,它有明亮的红色的爪和腿,夏季头部为黑色,冬季则为白色条纹。蜈蚣草燕鸥身体像鸥,尾羽像燕,喜欢结队低空飞行。

图 3-1-7　蜈蚣草燕鸥

2. 南极的海洋生物

南极的海洋生物有海豹、海狮、海豚、蓝鲸(图 3-1-8),以及海藻、珊瑚、海星、海绵和磷虾。

图 3-1-8　海狮、蓝鲸

蓝鲸是体型最大的鲸,也是世界上最大的动物,生活在南极附近海域。因为人类用蓝鲸皮下油脂做肥皂、鞋油,所以蓝鲸遭到了大量捕杀。

南极磷虾是特殊的海洋资源(图 3-1-9)。磷虾是生活在南大洋中的甲壳类浮游动物,个体不大,体长一般为 3~5 cm。磷虾蕴藏量十分惊人,有十几亿吨。磷虾在南大洋食物链中起着重要作用,是海豹、鲸和企鹅的食物,也是人类的重要海洋生物资源。

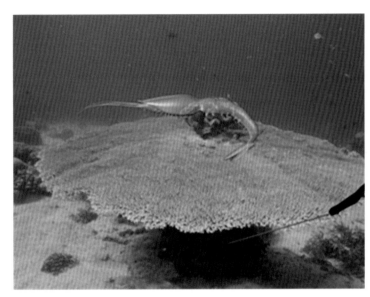

图 3-1-9 南极磷虾

3. 南极的植物

南极只有三种开花植物,一种是垫状草,另外两种是发草属植物,其形态近似于禾本科植物,叶狭长,脉平行,有节、节间和分蘖。它们对南极环境有一定的适应能力。此外,还有世界各地都可见到的地衣、苔藓、藻类。

1.6 南极的资源

1. 南极的矿产资源

现在已发现的南极洲的矿床、矿点有 100 多处。据各国考察资料,全南极可能有矿床 900 处以上,其中在无冰区的有 20 多处。铁矿是南极大陆已发现的储量最大的矿产,主要位于东南极洲,且含铁品位高,有"南极铁山"之称。此外,南极洲还有大煤田,以及铜、钼和少量的金、银、铬、镍。

2. 南极的淡水资源

南极洲是人类最大的淡水资源库。南极洲的冰雪总量大约为 2700 万 km³,占全球冰雪总量的 90% 以上,储存了全世界可用淡水的 72%,可供全人类使用 7500 年。而且其冰山冰盖都是在 1000 万年前形成的,没有受到任何污染,水质极好,是十分宝贵的淡水资源。

3. 南极的旅游资源

南极最吸引游客的是极光和幻日。

南极极光(图 3-1-10)不但多种多样、形状不一,而且五彩缤纷、绮丽无比。极光有时出现时间极短,犹如节日的焰火在空中一闪即逝;有时却可以在苍穹之中辉映几个小时,像彩带,像火焰,像五光十色的巨大球幕,给人以美的享受。

图 3-1-10　南极极光

由于南极大气中充满无数冰晶体,它们像水晶一样将阳光四处散射开,从而形成环绕太阳的美丽光环,这就是日晕。有时在日晕两侧的对称点上,冰晶体反射的阳光尤其明亮,便会出现并列的太阳,其光华四射、耀人眼目,这就是奇妙的幻日(图 3-1-11)。

图 3-1-11　南极幻日

1.7 南极与人类的关系

1. 南极对人类的巨大意义

南极对人类有重大的科研价值和经济价值。南极是地球上至今未被开发、未被污染的洁净大陆，那里蕴藏着无数的信息和科学之谜。在全球变化，特别是全球气候变化研究中，南极起着不可替代的关键作用。

南极蕴藏着较北极更为丰富的资源，有着世界上最大的铁山和煤田、丰富的海洋生物（特别是南极磷虾）和油气资源、地球上 72% 以上的天然淡水资源。

2. 南极与人类的相互依存关系

（1）全球气温变暖对南极的影响

全球气温变暖，不断上升的温度加快了冰雪的融化速度，海水不断地涌进冰架表面的裂缝，导致冰架快速解体。南极的一些地区冬季海冰形成时间延后，覆盖面积也在缩小，而春季融化时间却在向前推移，影响冰藻的繁殖，从而导致南极磷虾密度下降，进而威胁包括企鹅在内的诸多南极动物的生存。

（2）大规模利用南极冰山可能带来的环境问题

大规模使用南极冰山，再加上全球气温变暖导致的冰山融化，使得全球的海平面上升，世界各地沿海的一些低海拔国家和地区将面临被淹没的危险。同时，随着冰山减少，冰山对南极地区地壳的压力也随之减小，易引发地震、火山喷发等地质灾害。另外，人们已经在南极冰山下发现了未知病毒，而冰山消融将会释放出这些被冻结的未知病毒。

（3）南极的臭氧层空洞对人类和地球生物的伤害

由于臭氧层中臭氧的减少，照射到地面的太阳光中的紫外线增强。紫外线对生物细胞具有很强的杀伤力，对地球上的各种生物，包括人类，都会产生不利的影响。因此，南极洲上空臭氧层空洞的出现将直接或间接地威胁人类和地球生物的生命安全。

3. 南极不属于任何一个国家

从 19 世纪 20 年代到 20 世纪 40 年代，各国探险家相继发现了南极大陆的不同区域。英国、新西兰、德国、南非、澳大利亚、法国、挪威、智利、阿根廷等 9 个国家的政府先后对南极洲的部分地区正式提出主权要求，使这块冰封万年的平静大地笼罩上国际纠纷的阴影。

1959 年 12 月 1 日，美国邀请苏联、日本、比利时以及上述有领土要求的国家派出代表，在华盛顿签署了冻结一切领土主张以及资源开发的《南极条约》，该条约于 1961 年 6 月 23 日生效。中国于 1983 年加入《南极条约》。因此，南极现在不属于任何一个国家，它属于全人类。

4. 怎样保护南极

从现在开始，全世界所有国家的所有人都要尽力减少能量消费，特别是降低 CO_2 的排放量，减少对大气的污染，减缓生态恶化，从而降低全球变暖的速度。

因为南极气温较低，微生物很难生存，废弃物很难自然分解，所以如果有一天南极开放旅游，那么请一定不要随地丢弃垃圾。能够做到这些，就是为保护南极做出了贡献。

1.8 中国的南极科学考察

1. 中国南极科考的部分历程

1997年中国第13次南极考察，8名考察队员历时13天，向冰穹A方向挺进了300 km。

1998年中国第14次南极考察，8名考察队员历时17天，向冰穹A方向推进了464 km。

1999年中国第15次南极考察，10名考察队员进入冰穹A地区。

2002年中国第18次南极考察，8名考察队员在距中山站170 km处架设了1台自动气象站。

2005年中国第21次南极考察，13名考察队员在人类历史上首次到达冰穹A最高点。

2008年1月12日14：45，17名中国南极科考队员成功登上冰穹A，开展各项南极内陆冰盖考察。

2. 南极科学考察的艰辛

（1）南极冰盖上的冰裂缝对于考察人员很危险

冰盖上的冰裂缝经常宽达几米，深不可测。如果能够直接看到，那么绕道走就可以了。可是，许多冰裂缝上面覆盖着厚薄不一的积雪，根本看不出来，当人员或车辆行进到它上面时，积雪崩塌，人员或车辆就会掉落下去。当上面的积雪较厚时，甚至会出现前面的车辆安全通过，而后面的车辆掉下去的情况。

（2）南极的风能杀人

南极的狂风风速有时超过40 m/s，比12级台风还厉害。此时若有人置身户外，轻则冻伤，重则冻死。

1960年10月19日，在日本昭和站进行科学考察的福岛博士，走出基地食堂去喂狗，突遇35 m/s的暴风雪，从此再也未能返回。直到1967年2月9日，人们在距站区4.2 km处发现了他的遗体。

（3）南极大陆是最难接近的大陆

南极大陆四周充满了大量的冰架和浮冰，冬季的浮冰面积可达1900万 km²。即使在南极的夏季，其面积也有260万 km²，同时还漂浮着数以万计的巨大冰山，给海上航行带来了极大的困难和危险。

2 云讲国宝：青铜才是王者

安徽博物院信息中心

（推荐单位：安徽博物院）

今天让我们一起云讲国宝。不知道你有没有见过可以煮下一整头牛的"锅"？你没听错，是一整头牛而不是一块牛肉。下面让我带你见识一下这口"锅"到底有多大。

首先让我们来猜一猜，图 3-2-1(a)中的图形代表着什么意思？它其实是一个象形字。头顶双耳，圆腹三足，腹下生火……它就是"大名鼎鼎"的"鼎"字！

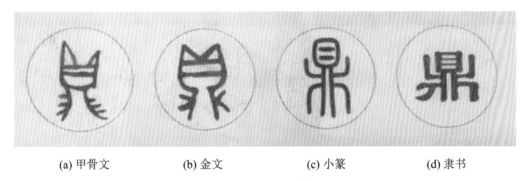

(a) 甲骨文　　　　(b) 金文　　　　(c) 小篆　　　　(d) 隶书

图 3-2-1　"鼎"字

鼎是我国古代的炊食器，用来烹煮或盛贮肉食。最早的鼎是由黏土烧制的陶鼎，后来又有了青铜材质的鼎。《史记》曰："禹收九牧之金，铸九鼎。"鼎成为了国之重器、王权象征，继而发展成为"别上下，明贵贱"的重要礼器。

2.1　铸客大鼎

安徽博物院的镇馆之宝——铸客大鼎（图 3-2-2），是迄今为止发现的东周时期最大的三足圆鼎。1933 年该鼎出土于寿县朱家集李三孤堆楚王墓。因该鼎在众多楚器当中最为雄伟，为楚王重器，故习惯上又称之为楚大鼎。

铸客大鼎体量巨大，通高为 113 cm，口径为 87 cm，重达 400 kg。大鼎圆口，方唇，鼓腹，圜底，附耳，耳的上部外侈，三蹄足，整体看上去雄浑凝重。鼎腹部饰一周突起的圆箍，箍上饰模印羽翅纹，双耳和颈部外壁模印变体鸟首几何纹，足的根部为浮雕兽首纹。

鼎的口沿处有阴刻铭文十二个字，前两个字为"铸客"，因此人们将它命名为铸客大鼎。那么"铸客"是什么意思呢？"铸客"是指从其他诸侯国请来的工匠，而非本国的工匠，这说明战国时期已有不再是奴隶主附属物、身份比较自由的工匠。大鼎的前足足根和左腹下外壁各刻"安邦"二字,由此可见铸客大鼎蕴含着定国安邦的美好寓意(图 3-2-3)。

图 3-2-2　铸客大鼎的高、口径和重量

(a) 腹　　　　　　(b) 足跟

图 3-2-3　铸客大鼎的铭文拓片

1958 年,毛泽东主席视察安徽博物馆,在观赏铸客大鼎时曾风趣地说:"好大一口鼎,能煮得上一头牛啊!"

铸客大鼎出土于 20 世纪初的战乱年代,经历了一段颠沛流离的岁月。

1933 年,铸客大鼎在安徽省寿县朱家集出土;1937 年,抗日战争全面爆发,大鼎和其他珍贵文物一起先后被转移到重庆、乐山等地;抗战胜利后,大鼎与众多文物一起被运到南京暂时存放；1949年中华人民共和国成立前夕，为避免国宝再次流落，经过文物工作者努力，大鼎从南京运到了安徽芜湖；1952年大鼎终于在新省会合肥安了家。铸客大鼎终于结束了近20年的颠沛流离。从此，铸客大鼎作为安徽博物院的镇馆之宝，已与安徽博物院一起走过了半个多世纪。国之重器铸客大鼎，见证了两千多年前楚国的兴衰，更见证了中国曾经的磨难与现代的崛起。

古之以鼎记事，今之铸鼎铭史。2014年12月13日，在侵华日军南京大屠杀遇难同胞纪念馆揭幕的国家公祭鼎（图3-2-4），就是以铸客大鼎为原型、等比例放大铸造而成的，再现了铸客大鼎"安邦"的美好寓意，表达了中华儿女铭记历史、建设美好中国的坚强意志和决心。

图3-2-4　国家公祭鼎

2.2　龙虎纹四环铜鼓座

春秋晚期，齐国和鲁国在长勺这个地方打仗，鲁国采用了曹刿的计谋，大获全胜，这就是《曹刿论战》的故事。这个故事里有一句名言：一鼓作气，再而衰，三而竭。由此可知，鼓在古代战争中有着鼓舞士气、发送命令的作用。这种鼓一般被称为建鼓，接下来我们要讲的就是一件跟建鼓相关的文物——龙虎纹四环铜鼓座（图3-2-5）。

龙虎纹四环铜鼓座是安徽博物院八大国宝之一，1980年出土于安徽舒城九里墩春秋墓，这件鼓座重约67 kg，残高约29 cm，底径约80 cm，厚0.3～0.5 cm。鼓座的造型十分奇特，形状近似圆形铜圈，无底，呈镂空状，上部略有残缺，器物的上方用高浮雕的手法塑造了咆哮的猛虎和独角翘立的游龙，远看龙盘虎踞，所以被命名为龙虎纹鼓座；因外侧有四个衔环，故又称为龙虎纹四环铜鼓座。鼓座的外壁上下各铸有一周铭文，上周约98个字,下周约52个字,共150个字,铭文虽锈蚀严重,但从释读的铭文看,此鼓座为春秋时期安徽境内的钟离国国君的自用器。由于该墓形制与已发现的钟离国墓差异很大,位置也偏离了钟离国所在范围,一般认为它属于流散的钟离国器物,是迄今为止第一个有铭文的建鼓座。

图 3-2-5　龙虎纹四环铜鼓座

鼓座是建鼓的底座,一般形体比较硕大。在敦形厚实的鼓座上插一根长楹杆,把鼓立起来,鼓手可以站在鼓的正反两面同时对敲。

鼓在古代的城市生活中还有着报时的功能。北京、西安、南京等很多历史名城中都有鼓楼这个地名。鼓楼还有个搭档,叫作钟楼,古人用早上敲钟、晚上击鼓来报时,这也是成语"晨钟暮鼓"的由来。

2.3 吴王光鉴

图 3-2-6 所示为安徽博物院的一件多功能青铜国宝——吴王光鉴。鉴,本意为盛水器,流行于春秋战国时期。鉴有很多功能,比如古代在没有普遍使用铜镜以前,常在鉴内盛水用来照影,又如《庄子》记载:"灵公有妻三人,同鉴而浴。"这就说明大的鉴可以用来洗澡。但吴王光鉴和普通的鉴不一样,它的主要功能是冰镇美酒。

吴王光鉴也是安徽博物院八大国宝之一。此鉴圆形、大口、弧腹、平底,高 35.7 cm,口径为 60 cm,重 29.6 kg,外壁装饰有层层叠叠、细致精美的羽翅纹样,口沿处有相对的两个兽形耳,耳上各有一个套环。

图 3-2-6　吴王光鉴

　　1955 年，吴王光鉴出土于安徽寿县蔡侯墓，鉴内还配有圆形尊缶和匜形勺，三器合一称为鉴缶，即古代的"冰箱"。将盛有美酒的尊缶放入鉴内，在尊缶与鉴的间隙中放入冰块，以冰镇美酒。匜的形状很像我们今天用的勺子，用于舀酒和分酒。

　　吴王光鉴腹内壁铸有八行 52 字铭文（图 3-2-7），铭文大意是："在五月的一个吉日，吴王光拣选了上等的铜与锡，为叔姬寺吁制作宗庙用的礼器铜鉴，用以祭祀孝敬祖先神明，祈求长寿无疆。去吧，叔姬！恭敬你的君主，子子孙孙不要忘记。"古代女子出嫁后可能终其一生也无法再与父母见面，所以铭文不仅表现了吴王光对叔姬的谆谆教导和祝福，还饱含着一位父亲对女儿浓浓的爱。

图 3-2-7　吴王光鉴的铭文和拓片

铭文还反映了蔡、吴两国之间的密切关系。吴王光称王后，重用伍子胥和孙武等人，推行了一系列富国强兵的政策，国家变得日益强盛。而此时蔡国国力衰弱，为了摆脱楚国的奴役，蔡国只能与强大的吴国结盟以自保，于是吴王光将自己的女儿嫁到蔡国。在此背景下，吴王光鉴作为嫁妆随吴王光的女儿来到蔡国。吴蔡联盟后，吴国发动柏举之战，击败楚军20万主力，最终成就了春秋五霸之一的吴王阖闾(即吴王光)。铭文还证实均为姬姓的吴、蔡两国当时已互通婚姻，打破了周朝规定的同姓不婚的禁律，这从侧面反映出春秋晚期礼崩乐坏的社会现实。

2.4　鄂君启金节

　　接下来看到的这两件文物，单看造型，你能猜出它是做什么用的吗？深绿色的外表，中间还有一凹槽，如果不是上面密密麻麻地写着金黄色铭文，乍一看，那么还会以为是一段竹节。它们是我要给大家介绍的另两件青铜国宝——鄂君启金节(图3-2-8)。

图3-2-8　鄂君启金节(车节、舟节)

　　古人截取一段有"节"的竹，剖分为二，各执一件作为信物。后来逐渐发展成为一种出入水陆关卡的通行证，与今天的护照非常相似。

　　"鄂"为地名，指今湖北鄂州，"君"为封号，"启"为人名，为鄂地的封君。鄂君启金节是战国中后期楚王颁发给鄂君启运输商品的免税通行证。目前共出土金节5件，其中两件车节及一件舟节收藏于安徽博物院，其余两件收藏于中国国家博物馆。

　　鄂君启金节为铜质，形状如剖开的竹片，中间以一段竹节装饰纹将节分为两段，节面有八条阴刻直线，作为铭文的界栏。车节有错金铭文九列148字，舟节有164字，布局合理，端庄华丽，极为精致。

释读该铭文可知，短一点的称为车节，车节是陆路通行凭证，规定陆路运输限额是五十乘，满一年而返，通行范围涉及今天的河南、安徽、湖北等地，还特别规定铜、皮革等军事物资是禁止运输的；稍长一点的叫作舟节，管的是水路通行，一次最多能行驶一百五十舟，也是一年往返，涉及的范围是今天的湖北、湖南、安徽等地。

鄂君启金节的发现说明早在2300多年前楚国就已经执行了严格的税收管理制度，这对于研究楚国的经济贸易、关卡制度、历史地理等领域都具有极为重要的历史价值。

3 流 浪 台 风

安徽省气象局 王 悦 杨祖祥 刘晓蓓 陆雅君 邵立瑛
（推荐单位：安徽省气象局）

台风是个破坏力极强的坏家伙，还记得 2021 年的台风"烟花"吗？它造成浙江、上海、江苏、安徽等 8 个省市 482 万人受灾，紧急转移安置 143 万人；农作物受灾面积 358.2 千公顷（hm²）；造成直接经济损失 132 亿元。还有台风"海葵""莫兰蒂""天鸽""山竹""温比亚"等也都造成了巨大的破坏。如此凶悍的台风，大家对它有多少了解呢？

3.1 台风定义

台风属于热带气旋家族，但并不是所有的热带气旋都会发展成为台风。气象学家根据风力的不同来划分热带气旋等级，将发生在热带海洋上的一种具有暖中心结构的强烈气旋性涡旋，其中心附近最大平均风力≥32.7 m/s 的热带气旋称为台风（图 3-3-1）。

图 3-3-1 热带洋面

每到夏季，通常会有数个台风影响我国，台风带来的恶劣天气主要有大风、暴雨和风暴潮，常给受影响地区造成巨大的经济损失和人员伤亡。

3.2 台风的发源地

台风的出生地在哪里呢？对于北半球而言，台风发生的 5 个主要海区分别是北太平洋西部、北太平洋东部、北大西洋西部、孟加拉湾和阿拉伯海。影响我国的台风主要集中在南海中部、菲律宾以东洋面以及关岛附近洋面(图 3-3-2)。

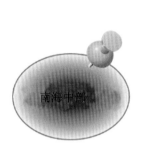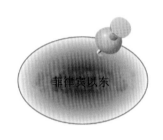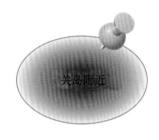

图 3-3-2　影响我国的台风的发源地

3.3 台风的移动路径

台风是一个爱自由的家伙，喜欢到处流浪，但它也有自己喜爱的移动路线。

台风形成后有些会登上陆地。登陆我国的台风的主要路径有西移路径、西北移路径和转向路径(图 3-3-3)。

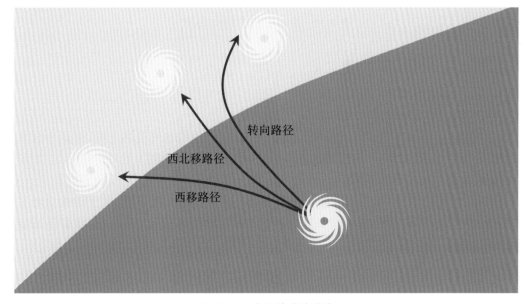

图 3-3-3　台风的移动路线

（1）西移路径：菲律宾以东→南海→华南沿海、海南岛或越南登陆。

（2）西北移路径：菲律宾以东→西北偏西方向→台湾、福建登陆；菲律宾以东→西北方向→浙江登陆。

（3）转向路径：菲律宾以东→西北方向→我国东部海面或沿海登陆→转向东北方向移去。

3.4 台风在安徽的移动路径

影响安徽的台风路径也有多种，其中以西北路径的台风数量最多，占比达到 41.1%（图 3-3-4）。我省的气象预报员一般会特别关注西北路径的台风。

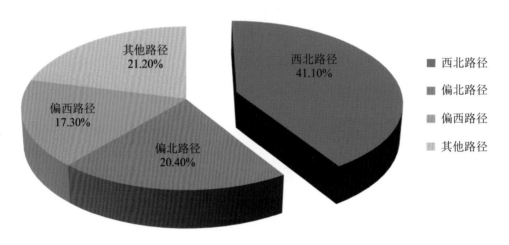

图 3-3-4 台风在安徽的移动路径

3.5 台风的形成原理

台风的成长过程是怎样的呢？

经过太阳的照射，海洋表面的温度升高，使得贴近海面的空气受热上升，逐渐形成强盛的对流云团，而周围较冷的空气则源源不断地补充进来，再次遇热上升（图 3-3-5）。如此循环，使得海面局部气压不断下降。

在气压梯度力、地转偏向力、摩擦力和惯性离心力的共同作用下，形成了地面流场呈逆时针旋转的热带低压（北半球，图 3-3-6）。随后，在不断吸收海面能量后，热带低压逐步发展、加强，形成台风。

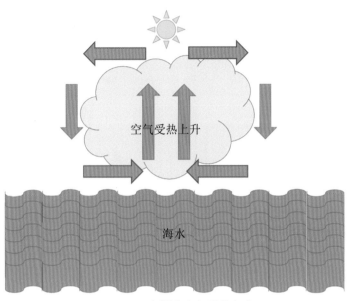

图 3-3-5　海面的空气受热上升

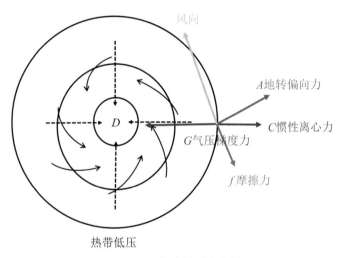

图 3-3-6　气旋的受力分析

3.6　成熟台风的结构

　　一般情况下,按照辐合气流速度的大小,一个发展成熟的台风大致可以分为三个区域(图 3-3-7)。

　　(1) 台风眼区。眼区内风速很小,天气晴好。

　　(2) 台风旋涡区。它是围绕台风眼分布的一条最大风速带,这里是对流和风雨最强烈的区域,即破坏力最大、最集中的区域。

　　(3) 从旋涡区往外是台风外围大风区,从外向内风速急增。

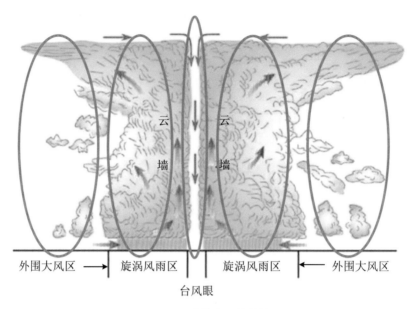

图 3-3-7　成熟台风的结构

3.7　螺旋雨带

　　成熟的台风登陆后，受地面摩擦和能量供应不足的共同影响，会逐渐减弱。但即使强度减弱了，它的威力也不容小觑！

　　从图 3-3-8 中可以看到明显的螺旋云带，对应的雷达回波图上可以看到螺旋雨带。在台风旋转挺进内陆的过程中，一旦长时间停留，螺旋雨带就会一次次地影响同一片区域，给该区域带来一次次的降水，严重时会造成洪涝灾害，导致重大损失。

图 3-3-8　卫星云图

例如,2018 年给我省带来重大灾害的台风"温比亚"的逗留时间长达 14 h,导致我省多地的日降水量突破或接近历史极值。

3.8 台 风 预 警

台风的破坏力十分强大,当我们遇到台风天气时,要多多关注气象台发布的预警信号,减少出行,保障安全!台风预警可分为四级。

(1) 台风蓝色预警。24 h 内可能或已经受热带气旋影响,沿海或陆地平均风力达 6 级以上,或者阵风 8 级以上并可能持续。

(2) 台风黄色预警。24 h 内可能或已经受热带气旋影响,沿海或陆地平均风力达 8 级以上,或者阵风 10 级以上并可能持续。

(3) 台风橙色预警。12 h 内可能或已经受热带气旋影响,沿海或陆地平均风力达 10 级以上,或者阵风 12 级以上并可能持续。

(4) 台风红色预警。6 h 内可能或已经受热带气旋影响,沿海或陆地平均风力达 12 级以上,或者阵风 14 级以上并可能持续。

3.9 台 风 防 御

(1) 停止高空作业,不随意外出。
(2) 远离危险建筑,以防高空坠物。
(3) 关好门窗,储备日常生活必需品。
(4) 小心积水道路,不在树下、电线杆等处避雨。

参 考 文 献

[1] 朱乾根,林锦瑞,寿绍文,等.天气学原理和方法[M].北京:气象出版社,2007.

[2] 王东勇,张娇,姚晨,等.近 60 年不同类别登陆台风对安徽省降雨影响[M].北京:气象出版社,2020.

[3] 梁必骐,梁经萍,温之平.中国台风灾害及其影响的研究[J].自然灾害学报,1995,4(1):8.

[4] 李江南,王安宇,杨兆礼,等.台风暴雨的研究进展[J].热带气象学报,2003,19(9):8.

[5] 王咏梅,任福民,李维京,等.中国台风降水的气候特征[J].热带气象学报,2008,24(3):6.

4 植物是如何生长的

安徽省科技馆 王 薇 郑明明

安徽大学 洪 欣

（推荐单位：安徽省科学技术馆）

植物的世界多姿多彩,有小到需要用显微镜观察的藻类植物,有藻类与真菌共生的地衣植物,有贴近湿润地面生长的苔藓植物,有能从孢子变成植株的蕨类植物,也有像银杏一样古老的裸子植物,还有我们身边最常见的能够开花结果的花草树木,即俗称的被子植物。从种子萌发到开花结果,我们身边的植物是如何生长的? 我们对它们的生长过程了解多少呢?让我们一起来看看吧!

4.1 植物的生长周期

每个物种都有它自己的寿命和每个发展阶段的持续时间,植物的种子种到土里以后在温度和水分适宜的情况下开始萌发,萌发完成后长成幼苗,幼苗继续生长发育,长成一个新的植株,然后开花结果。结果完成后,果实中的种子再开始下一个生命周期(图 3-4-1)。

图 3-4-1 生长周期示意图

4.2 植物种子的传播

植物种子的传播方式多种多样。常见的是动物传播,通过黏附皮毛、动物吞食等方式完成。例如,大家吃的板栗,它主要是通过啮齿类动物(如小老鼠)进行搬运传播的;樱桃、野葡萄、野山参等都是靠着鸟类把它们吃进肚子,然后随着鸟类的粪便传播到四处;有些植物在人和动物经过时,它的种子或果实会粘到衣服或动物身上,从而被带到较远的地方,如鬼针草(图 3-4-2)、窃衣、牛膝等。

图 3-4-2 鬼针草的果上有芒刺,可以扎在衣服或动物的皮毛上(摄影:孟德昌)

植物还可以借助风力将种子吹拂到其他地区,比如大家熟知的蒲公英(图 3-4-3)、枫杨和杨树等,都是通过风来传播的。当然也可以通过水流传播,例如生长在水边的椰子等植物,其果实成熟以后,就会自然掉落在水中,随后让水流带其到新的地方落地生根。

还有一种传播方法,植物利用自己的结构发射种子。例如,豆类植物在成熟以后准备传播种子时,它的豆荚就会突然爆裂开来,像炸裂的鞭炮一样将种子从果实中喷射或者弹射出去。还有美丽的凤仙花,它在成熟时果皮会变得紧绷,当动物路过或者触碰时,它会像投石机一样把种子抛射出去。

4.3 植物的光合作用

动物靠行动去摄取食物来满足自己的生长发育需求。植物在一个地方固定生长,它不能动,那么它生存的依靠是什么呢? 植物的生存秘诀是光合作用(图 3-4-4)。

图 3-4-3 蒲公英的种子(摄影:孟德昌)

图 3-4-4 光合作用示意图

绿色植物的光合作用是指在叶绿体里利用光能把 CO_2 和水合成淀粉等有机物并释放 O_2,同时把光能转变成化学能储存在合成的有机物中的过程。因此,植物不需要吃饭,但需要晒太阳,它能通过太阳光把无机物转变成有机物。

生态系统由生物部分和非生物部分组成。植物是生态系统中的生产者,它将太阳能固定下来成为大家都能利用的能量,整个生态系统因植物而有了能量的来源。这时候,吃草的牛羊能成长了,吃牛羊的虎狼也能成长了,整个生态系统因植物的光合作用而变得生机勃勃!

4.4 植物的生长过程

植物生长不仅仅需要阳光,还需要土壤,土壤供给它们水分以及必需的矿物质。种子通过各种方式传播到一个适宜的环境之后,开始萌发,先从土壤中吸收充足的水分并膨大,随后胚开始发育,大多数植物先长出胚根,再长出胚芽,胚芽突破种皮后发育成茎和叶。茎秆生长的过程中,叶片数量逐渐增多,也会变得更加粗壮。之后再通过进一步的生长和发育,变成一株成年的植物。

接着,植物就要开花。花有花瓣,里面有雄蕊和雌蕊,雌蕊里面有柱头和子房,花瓣下面还有花萼。对于植物来说,开花是为了繁殖,花朵其实是植物的繁殖器官。例如,兰科植物的花形态多样,有的像小鸽子,有的像小虫子(图 3-4-5)。在我们看来这很有意思,但是对于昆虫来说,它其实是"欺骗",即通过气味、花蜜吸引、形态等进行"欺骗"。例如,它把自己假装成一只雌性昆虫,吸引雄性昆虫来完成花与花之间的传粉。植物成功授粉后就会结果,果实中会长出种子,而种子可以继续繁殖出新的植株。

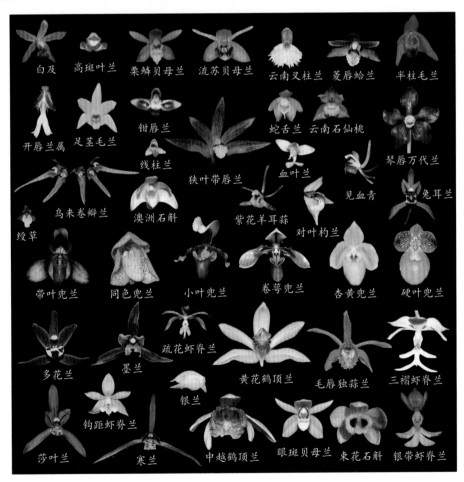

图 3-4-5　兰科植物的花朵(摄影:孟德昌)

此外,植物生存还需要营养。植物不能主动寻觅营养,为了适应环境,从而演化出各种适应机制。比如,沙漠植物仙人掌上的刺就是它原来的叶片,而仙人掌现在的"叶片"其实是它的茎。沙漠太干旱,无法长出正常的植物叶片,否则就会大量失水,于是仙人掌的叶片特化成针状,以尽量保持水分(图3-4-6)。植物改变自己的形态、自己的特性去适应环境,也就是顺应"适者生存"的自然法则。

图3-4-6 仙人掌(摄影:孟德昌)

4.5 植物的生长作用

植物在适应环境的同时,也可以改造环境。植物每年都会吸收、固定很多 CO_2,并释放出 O_2,即植物通过进行 CO_2 的固定和 O_2 的释放来维持整个生物圈的平衡。植树造林、加强绿化已成为人类应对全球气候变暖、减少温室效应的一个重要举措。此外,植物还能有效地涵养水源、保持水土。例如,大家熟知的三北防护林就是通过发挥植物固定流沙的作用,来改良沙漠化土地的。

植物作为生命的主要形态之一,对于人类的生存繁衍及地球环境具有非常重要的价值。让我们通过对本文的学习来一起发现自然、感受自然、保护自然。

5 保护地故事：九华山

九华山风景区（地质公园）管理委员会 章寅虎

中国地质大学（武汉）环境学院 孟 耀

皖西学院 李 鑫

（推荐单位：池州市科学技术局）

从古至今，文人雅士大多痴迷于游历名川大山，以此来颐养性情、丰富见识、增长阅历。安徽南部有这样一座山，它原名九子山，山体雄壮挺拔，植被繁密，景色秀美，"仙气"缭绕。李白与友人初次登临此地，感叹于巍峨耸立的九座山峰好似盛开的莲花，便赋诗一首，赞誉其"妙有分二气，灵山开九华"，从此九子山便更名为九华山（图 3-5-1）。

图 3-5-1 冬日九华的冰雪世界（摄影：陈光学）

1200 年前，一位名叫金乔觉的僧人跋山涉水 2400 余里（1 里＝0.5 km），从位于朝鲜半岛的新罗国来到中国，并最终抵达九华山。在这里，金乔觉开创佛寺，讲经论道，开启了九华山佛教文化繁盛的大幕。

九华山究竟是一座什么样的山，既深得"诗仙"李白的青睐，又能吸引佛教大能来此开山立派呢？

今天,九华山已迈入国际舞台,作为地质地貌与地域文化相融合的典范模式地,它于2019年加入联合国教科文组织世界地质公园网络,成为中国第39个世界地质公园。九华山山与人的和谐相融究竟有怎样的秘密呢?故事还要从1亿多年前说起。

5.1　缘起:九华山地质历程

九华山是皖南三大山系中最北侧的一脉,向南是黄山与天目山两大山系,向北则是长江中下游平原。整个山体地形复杂,有着中低山、丘陵、盆地等多种地形,海拔高度也从50 m激增至1300余 m,属于典型的断块山地。这个断块的隆升盘为九华山主体,下降盘组成丘陵和盆地,而山体整个呈近南北向展布,中间较高,四周略低。说到这个断块山,就不得不简单地提一下九华山的形成过程了。九华山的形成一共分为四个阶段。

1. 基础阶段(距今8亿～2.5亿年)

基底形成并且接受沉积(早古生代地层),如图3-5-2所示。

图 3-5-2　基础阶段

2. 剥蚀阶段(距今2.5亿～1.5亿年)

此前形成的地层被逐渐剥蚀、剥离,如图3-5-3所示。

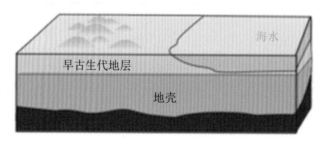

图 3-5-3　剥蚀阶段

3. 岩浆活动阶段(距今1.5～1.1亿年)

该阶段出现两次大型岩浆上侵活动,第一次是亚欧板块与太平洋板块碰撞,导致部分岩浆上涌,从而形成了青阳岩体,如图3-5-4所示。

第二次是亚欧板块与太平洋板块复合碰撞,上地壳部分熔融并且沿着之前形成的青阳岩体内部上涌,从而形成青阳—九华山复式岩基,如图3-5-5所示。

图 3-5-4　第一次大型岩浆活动阶段

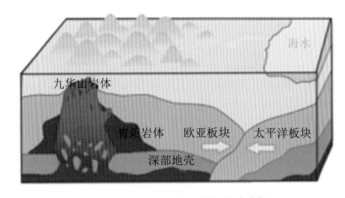

图 3-5-5　第二次大型岩浆活动阶段

4. 构造及剥蚀阶段(1.1 亿年以来)

在断裂影响下,形成九华山山体,如图 3-5-6 所示。

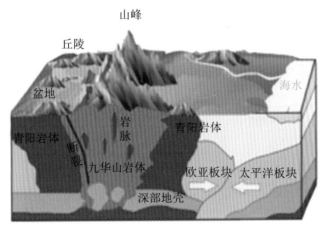

图 3-5-6　构造及剥蚀阶段

　　断层隆起的一侧形成花岗岩峰丛,下降的一侧则被侵蚀风化,然后堆积成为了丘陵盆地。因此,这南北绵延伸展了近 30 km 的山地,却在东西跨度仅有 6 km 的范围内完成了海拔高度上的"三级跳":从盆地(平均海拔 30 m)到丘陵(平均海拔 270 m),再到山地(平均海拔 1000 m 以上),形成壮观的"峰—丘—盆"地貌结构(图 3-5-7)。

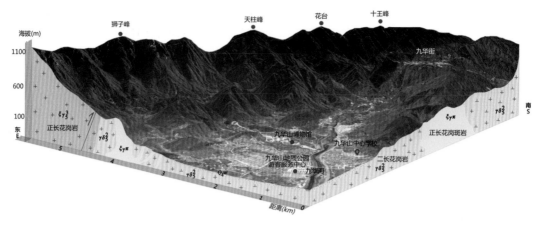

图 3-5-7　九华山"峰—丘—盆"地貌结构(绘图：孟耀)

　　除了这独特的地貌景观以外，组成九华山山体的几种岩石也很有特点。它们都是岩浆活动的产物。炙热的岩浆从地壳深部上涌，可是还没有冲破地表就耗尽了动力，在地下冷却凝结(这样形成的岩石叫作侵入岩，而岩浆喷出地表后冷却凝固形成的岩石叫作喷出岩)。九华山晶洞花岗岩如图 3-5-8 所示。

图 3-5-8　九华山晶洞花岗岩

九华山山体由五种不同的侵入岩组成,分别是正长花岗岩、花岗闪长岩、二长花岗岩、正长花岗斑岩和辉绿岩。虽然它们都是侵入岩,但是它们的组成成分、结构等却有差异,这恰恰可以说明山体形成的过程不是一蹴而就的,而是像我们前面分析的那样,九华山是经过了数次岩浆活动才形成的地质产物。

5.2 九华山:植物热土 动物乐园

大自然的鬼斧神工雕刻出九华山如今的模样,在这片热土之上,一片绿意盎然(图 3-5-9)。参天的古树中有两株李白亲手种下的银杏树。

图 3-5-9 山高林密的九华山(摄影:舒潭印月)

相传李白为了能时刻纵览九华山奇景和寻仙访道,便在九华街化城寺与龙女泉之间,寻得一佳处,并建造了 3 间草堂隐居,经过后人的多次翻修,草堂如今已成为太白书堂。太白书堂旁有一井,后人称之为"太白井"。李白还栽植了两棵银杏树,时过千年,银杏树已有三人合抱粗(图 3-5-10)。银杏曾是仅遗存于我国的珍稀树种之一,有"活化石"之称,千年前由诗仙亲手种植的银杏树也成为九华山一道亮丽的风景。除此之外,历史悠久的九华山共有400 余株古树名木,包括金钱松、青钱柳、鹅掌楸、杜仲等国家级保护植物。

九华山植被属安徽南部中亚热带常绿阔叶林带的皖南山地丘陵植被区,黄山、九华山植被片是我国东南地区植物荟萃之地。最新的一次植物调查显示,九华山维管植物共 1528种,隶属于 175 科 727 属。其中的 6 种植物以九华山为模式标本产地,它们分别为九华蒲儿根、九华薹草、安徽金粟兰(图 3-5-11)、秦榛钻地风、青阳薹草、九华山母草。

图 3-5-10　李白手植银杏

图 3-5-11　安徽金粟兰

　　九华山地处亚热带湿润气候区，海拔高差大，在很小的范围内，海拔从 50 m 迅速上升至 1344 m。随着海拔升高，温度逐渐降低，降水量逐渐增加，从而形成明显的植物的垂直分带。从山脚到山顶，依次分布次生常绿阔叶林、常绿落叶混交林、针阔叶混交林、针叶林、山地灌木。人工种植的竹林分布范围较广，海拔 600 m 以下均能看到它的身影(图 3-5-12)。

图 3-5-12　九华山植物垂直分带图(制图：黄春媚)

　　优良而多样的生态系统使得九华山成为许多动物的栖息地，其中不乏珍稀的保护动物。在九华山，如果你运气好的话，可以见到丝毫不惧生人的猕猴、模样可爱的梅花鹿、神秘稀少的东方蝾螈、颜色分明的白鹇，在这片祥和的自然保护地中，人与动物和谐相处。

5.3　建筑与美食相遇，艺术与生活重叠

提起徽派文化，你的脑海里浮现出来的是不是"青砖黛瓦马头墙，回廊挂落花格窗"的场景呢(图 3-5-13)？

图 3-5-13　徽派建筑寺庙(摄影：旸晨)

九华山所在区域是中国皖南古民居的集中展示地，马头墙、小青瓦、白粉壁是徽派建筑的最大特征，尤以民居、祠堂和牌坊最为典型，被誉为"徽州古建筑三绝"。九华街建筑群位于九华冰斗内，以化城寺为中心建设的具有徽派建筑形式的民居群落，现为九华山世界地质公园游人集散地。

徽派文化另外一个重要部分就是徽菜，九华山不同的海拔高度为农作物提供了优质的水源和土壤，从而孕育出不同的食材与特产。低海拔的水域内生活着鳜鱼等鱼类，海拔 200～700 m 处生长着竹笋、茶叶、黄精，悬崖峭壁的裸岩上生长着石耳。再加上九华山特殊的地

理位置,在历史上长期受吴越、荆楚、徽文化等诸多地域文化影响,从而形成多元性融合且特色鲜明的徽派饮食文化。

徽菜重油、重色、重火功,选料精良,制作考究,尤其注重原料的产地、季节、鲜度、部位、品种等。炒、炸、烧、炖、溜、焖,加上火腿佐味,冰糖提鲜,料酒除腥引香,令徽菜的风味更加鲜明。

5.4 山水造就的"莲花佛国"

"南朝四百八十寺,多少楼台烟雨中。"佛教文化在我国历史上起起落落,而作为中国四大佛教名山之一的九华山,却将佛教文化传续至今,如今的九华山内,70多座寺院星罗棋布,共同构成了这一依山傍水的"莲花佛国"(图 3-5-14)。

图 3-5-14　九华山主要人文景观分布图(制图:胡晓庆、林佰川)

与此同时,九华山千姿百态的花岗岩怪石被赋予了新的文化内涵,形成了特色鲜明的象形石景观。九华山已经发现的象形石达 44 处，其中典型的有风化剥蚀形成的石佛观海（图 3-5-15）、崩塌残留形成的仙人晒靴、滚石风化形成的大象出林等。

图 3-5-15　石佛陀

山不在高，水不在深。九华山耸立于长江中下游南岸，山形高低错落有致，历史文化源远流长。九华山是"绿水青山就是金山银山"的范本，是"山水林田湖草生命共同体"的实体，是人与自然和谐相处的模式地。

参 考 文 献

[1]　张中强.1.4 亿年孕育的奇秀"莲花佛国"九华山[J].资源导刊(地质旅游版),2013(12):64-79.

[2]　章寅虎.安徽九华山国家地质公园的地质遗迹类型及其意义[J].资源导刊(地球科技版),2014(12):51-52.

[3]　杨亮,吴耀东.神奇灵秀地　大愿九华山[J].今日中国,2017,66(11):88-90.

6 国宝扬子鳄

安徽扬子鳄国家级自然保护区管理局　吴　荣

（推荐单位：安徽省林业局）

　　扬子鳄(*Alligator sinensis*)属爬行动物,古名"鼍",俗称"土龙",是我国特有的珍稀物种,国家一级重点保护野生动物(图 3-6-1)。扬子鳄曾广泛分布于长江中下游流域,作为湿地生态系统的旗舰物种,也是全球 24 种鳄类中极濒危的一种。其远祖始现于两亿多年前的中生代,系恐龙近亲,在扬子鳄的身上至今还可以找到恐龙类爬行动物的许多特征,所以扬子鳄也被誉为生物进化史上的"活化石"。

图 3-6-1　扬子鳄

6.1　栖息环境

　　扬子鳄是水陆两栖生活,其生活环境中既要有水体,又要有陆地,所以它喜欢栖息在湖泊、沼泽的滩地或丘陵山涧长满乱草蓬蒿的潮湿地带。扬子鳄栖息地为亚热带地区,栖息地内分布有常年积水的沟、塘、水库等水体,扬子鳄繁殖地多为水深 1 m 以上的水域,水体周围长有草丛、灌木丛、竹林、芦苇或高大的乔木;水体附近有适于营巢孵卵的隐蔽陆地,有茂密的落叶植被,能够为扬子鳄提供足够的营巢材料;栖息地内生活着多种可供扬子鳄捕食的动物(图 3-6-2)。

图 3-6-2 栖息中的扬子鳄

现存的扬子鳄栖息地包括以下三种类型：

第一类栖息地主要为残留湿地，包括多种湿地，如沼泽、水塘和溪流的冲积平原。此类栖息地海拔低，现基本是农耕区的普通池塘，周围是农田。

第二类栖息地处于中间地带，一般是支流山谷间的水塘，其上的山腰多为农田。此类栖息地较为多样，既可以是稻田中的小水塘，也可是绵延山间、无水田环绕的中等面积的水塘。

第三类栖息地位于丘陵山区的山塘和水库，其下多为稻田，其上为山林。

6.2 生 活 习 性

每年的 3 月底至 4 月初，随着外界天气变暖，气温逐渐升高，扬子鳄结束冬眠，开始苏醒出洞，逐渐进入活动期。扬子鳄的四肢短、支撑力弱，它在陆地上行走时，主要是爬行前进，四肢将身体稍微抬离地面，呈头低腰高的拱状姿势，依靠后肢的蹬力推动身体前行，同时尾后部着地。在水体里，扬子鳄的主要行动方式为游泳，其尾部是游泳时的前进推动器，尾后半部在水面来回摆动，推动鳄体快速前进(图 3-6-3)。

扬子鳄为肉食性动物，主要以鱼、虾、螺、蚌、青蛙、昆虫等为食，偶尔捕食小型鹭鸟等水禽。扬子鳄有时会采取偷袭的方式进行捕食，它将躯干沉入水中，头部只留眼睛、鼻孔等部位露出水面，一旦发现目标，就会向猎物悄无声息地游去，再猛地跃出水面冲向猎物，侧头、张嘴、精准地咬住猎物，然后快速地带着猎物沉入水下。

扬子鳄的眼睛位于头顶两侧，瞳孔在白天因光线作用而收缩成一竖缝，夜晚则扩张成圆形。扬子鳄夜视力强，适应夜间捕食。夜晚在灯光照射下，扬子鳄的眼睛会反射出红光。

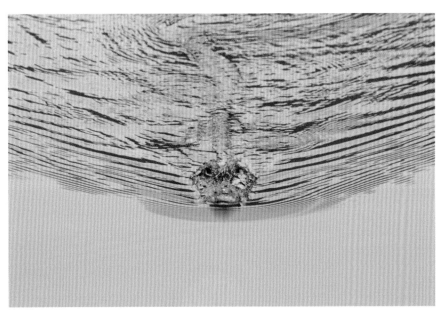

图 3-6-3 游泳的扬子鳄

　　每当夏季天气突变或暴雨来临之前,扬子鳄就会集体吼叫,这种吼叫与天气变化有关。唐代诗人张籍的"夜闻白鼍人尽起"生动地表明,古人对于扬子鳄能预知天气变化早就有了深刻的认识。扬子鳄"隆隆"的吼叫声与雷鸣声十分相似,所以古人便认为扬子鳄可以乘风升天、震雷激电、行云布雨,是一种神秘的动物,并将其作为龙图腾加以崇拜。其叫声可分为长距离吼叫和短距离吼叫。长距离吼叫是指音量高、声音传播距离远的鸣叫;短距离吼叫主要发生在近距离接触时,其音量较低,包括嘟嘟声、嘶嘶声、吹水泡声和哀鸣声等(图 3-6-4)。

图 3-6-4 吼叫中的扬子鳄

5月中下旬开始,雌鳄和雄鳄通过求偶叫声相互联系,雄鳄循着雌鳄的回应声,离开自己的居住地并爬向雌鳄的生活地,且每爬一段距离就发出叫声,雌鳄闻声呼应,直至两鳄相聚。交配活动一般从6月上旬开始,雌鳄和雄鳄在互相熟悉一段时间后于水中完成交配。扬子鳄交配后10～25天,雌鳄开始寻找适合的巢址来营建窝巢。雌鳄用肢爪收集周围的枯枝落叶,垒建成似圆锥状隆起的窝巢。

6月底至7月上中旬是扬子鳄的产卵期,雌鳄一次性将卵产于窝巢内,一窝鳄卵的数量一般为20～40枚,卵形似鸭蛋,壳乳白色(图3-6-5)。鳄卵依靠窝巢内巢材发酵散热和外界环境温度开始约60天的自然孵化。

图3-6-5　窝巢中的鳄卵

8月底至9月初,幼鳄破壳而出(图3-6-6),发出"咕咕"叫声,守护在窝巢附近的雌鳄在听到雏鳄的叫声后,会立即前来扒开窝巢,并将雏鳄衔在口里、带至窝巢附近的水体中,这是雌鳄为了后代能够躲避天敌而采取的一种保护方式。

10月下旬,随着气温逐渐下降,扬子鳄便会藏身于洞穴迷宫内,酣酣沉睡,直到第二年的4月才会逐渐苏醒过来,懒洋洋地爬出洞外。冬眠是扬子鳄对付寒冷天气的一种行之有效的办法,是该类物种在长期演化过程中逐渐形成的一种特殊生理现象。扬子鳄冬眠的深度是由气温来调节控制的:温度较高时,入眠浅;温度降低,入眠随之加深。扬子鳄的洞穴常常会在陆地、水下和岸边各处设置多处门洞,且门洞之间相距数米之遥。洞穴之内,曲径纵横交错,连通不同深度、星状分布的室、卧台和水潭。洞穴复杂多变,恰似一座地下迷宫(图3-6-7)。

图 3-6-6　幼鳄

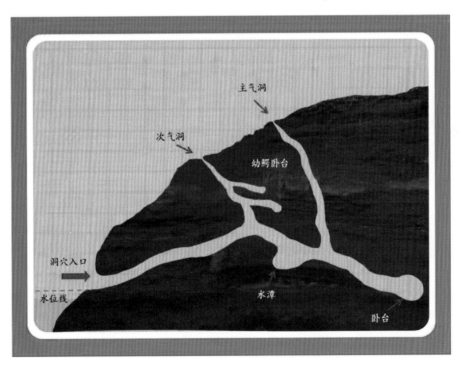

图 3-6-7　扬子鳄冬眠洞穴纵剖面示意图

6.3　保护扬子鳄

在地球环境的变迁过程中,在人类活动的长期干扰下,野生扬子鳄的数量不断锐减,曾一度处于濒临灭绝的险境。数万年前,扬子鳄的分布范围非常广泛,几乎遍及整个中国;约6000年前,扬子鳄仍分布于黄河流域和长江流域的广大地区;约1000年前,扬子鳄的分布范围逐渐缩小至长江中下游地区。目前野生扬子鳄仅分布于皖东南一隅,其独特的地理位置形成了扬子鳄的天然庇护所。

为了保护这一珍稀物种,1979年建立了安徽省扬子鳄养殖场,1982年建立了扬子鳄自然保护区,并于1986年晋升为国家级自然保护区。安徽扬子鳄国家级自然保护区行政区跨宣城市宣州区、郎溪县、广德市、泾县及芜湖市南陵县,总面积18565公顷,由夏渡、红星、杨林、双坑、中桥、高井庙、朱村和长乐等8个片区共同组成。

保护区自成立以来,始终坚持野外保护和繁育保种并重的发展战略,科研人员历经长期科研攻关,成功地破解了扬子鳄人工繁育难题。扬子鳄人工繁育技术曾荣获原林业部科技进步二等奖,同时获选为安徽省重大科技成果。保护区建成了世界上最大的扬子鳄人工繁育基地,现拥有扬子鳄1万余条,为野外放归提供了充足的优质种源。

为复壮现有扬子鳄野外种群,改善其极度濒危的状态,保护区多措并举:强化巡护管理与宣传教育、提高科技支撑能力、完善基础设施、开展生态修复、实施野外放归工程等(图3-6-8),有效地改善了野外扬子鳄种群生存环境,彻底扭转了扬子鳄野外种群的下滑趋势。监测数据显示,截至2021年底,野外扬子鳄种群数量逾1000条,种群年龄结构趋于合理,分布范围进一步扩大。

图3-6-8　扬子鳄野外放归

保护区正致力于进一步提升扬子鳄栖息地质量、加大扬子鳄野外放归力度,力争到2035年野外扬子鳄种群数量达2000条,到2040年,建立和维持扬子鳄野生种群能够长期自然生存的最小种群,实现将扬子鳄从世界自然保护联盟红色名录中的"极濒危"降到"濒危"等级的目标,让这一古老物种焕发新的磅礴生机。

7　心肺复苏术

安徽医科大学实验教学中心　　胡　燕　汪思应　沈　涛　胡孔旺

王　成　张媛媛　杨　琴　石天霞

凌小娟　周　厅　张　颖

（推荐单位：安徽医科大学）

2021 年 7 月发布的《中国心血管健康与疾病报告 2020》指出，我国的心血管疾病患病人数已超过 3.3 亿；心血管病死亡已占我国城乡居民总死亡原因的首位。有研究估计，我国每年约有 55 万人死于心源性猝死，这意味着，我国大约每分钟就有一个人死于心源性猝死。

心肺复苏术(Cardiopulmonary Resuscitation，CPR)是指针对由外伤、疾病、中毒、意外低温、淹溺和电击等各种原因导致的呼吸停止、心跳停搏，必须紧急采取重建和促进心脏、呼吸有效功能恢复的一系列措施。心肺复苏术是抢救患者生命的最基本、最有效的措施，最佳开始时间为心脏停搏后的 4 min，故称之为"黄金四分钟"。针对院外发生的心跳骤停，第一目击者若能及早实施心肺复苏术，不仅可以降低死亡率、改善其神经功能的恢复，还能有效缩短伤员的住院时长，降低其入住重症监护病房的风险。这里所说的第一目击者并非专指专业的医务工作者，普通大众只要在规范化培训的基础上加以刻意练习，也可以达到同样的效果。接下来让我们带着大家一起来深入了解一下。

7.1　评估与呼救

(1) 评估环境：发现伤员倒地，施救者应首先评估现场环境是否安全，切记须排除煤气泄漏、高空坠物、高压电线等情况，不能同时将自己和伤员置于危险境地。确认安全后，施救者跑向伤员并双膝跪于其右侧肩部，以便于展开救护。

(2) 判断意识：协助伤员平卧，轻拍其肩部，在其耳边大声呼唤、询问："同志，同志，你怎么了！"(图 3-7-1)。记住一定是轻拍重唤！此举主要是避免施救时的二次损伤。

(3) 判断动脉搏动：一般将颈动脉作为判断的首选部位，因为颈动脉表浅，且颈部容易暴露。施救者可用食指、中指指端先触及气管正中，可先触及喉结（男性），然后滑向一侧约两横指，触摸有无动脉搏动(图 3-7-2)。

2020 年 10 月发布的《2020 年美国心脏协会心肺复苏和心血管急救指南》指出，为了实现尽早启动，避免因无法准确判断伤员脉搏情况而延迟或不启动心肺复苏，非专业施救者可以只根据伤员的意识状况和呼吸状况直接启动心肺复苏。也就是说，施救者只要判断无意识、无呼吸，就可以直接实施心肺复苏术。

图 3-7-1 轻拍重唤,判断意识

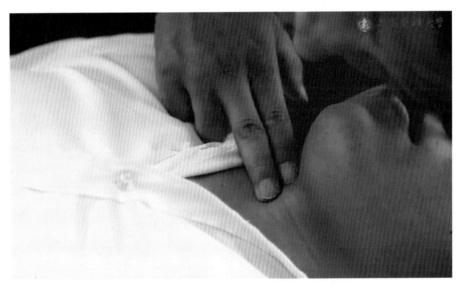

图 3-7-2 触摸颈动脉,判断有无动脉搏动

(4)判断呼吸:施救者俯下身,将耳朵和面颊贴近伤员口鼻部,感觉有无呼气声或有无气体逸出,脸转向伤员躯干一侧,眼睛观察伤员胸腹部有无起伏(图 3-7-3)。

(5)若伤员有脉搏、无正常呼吸或仅有喘息,则须给予人工呼吸,每5～6 s 1次呼吸或每分钟10～12次呼吸。确认伤员无意识、无脉搏、无呼吸时,须立即呼救。

(6)指定围观群众中的某人,请其协助取自动体外除颤仪(Automated External Defibrillator,AED);指定围观群众中的另一人,请其帮忙拨打"120"急救电话(图 3-7-4)。指定某一人,而不是向全部围观群众发出请求,这样会更高效。

为了提高120出警及救援的效率,拨打报警电话时一定要准确告知以下内容:意外发生的准确地点；发生意外的原因；患病、受伤者数目；伤员情况：清醒程度、呼吸状况、脉搏情况、有无大出血；现场可联络电话和报案人姓名。记住：切勿先挂断电话！

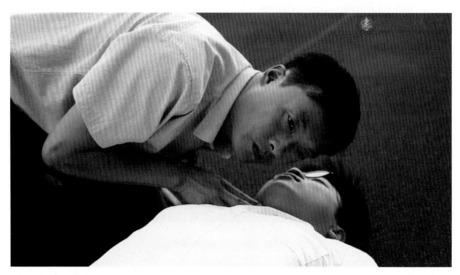

图 3-7-3　俯身耳贴目视，判断有无呼吸

图 3-7-4　指定围观群众协助

（7）将伤病员翻转成仰卧位，仰卧在坚硬的平面上。具体方法：将其双上肢上举，远侧腿屈曲并搭在近侧腿上，一手托其后颈部，另一手托其腋下，使之头、颈、躯干整体翻成仰卧位。充分暴露伤员胸前区，并松解腰带。

7.2 胸外按压

（1）按压部位：两乳头连线中点即为按压点（图 3-7-5）。

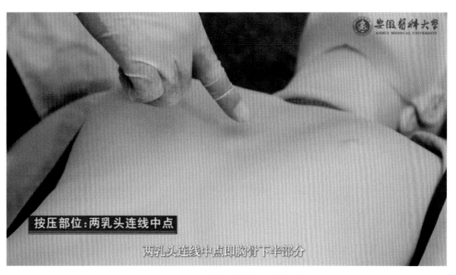

图 3-7-5　确认胸外按压的部位

（2）按压操作：

手势。一手掌根部紧贴于胸部按压部位，另一手置于此手手背上，两手十指相扣、掌根重叠、掌心上翘，使手指脱离胸壁（图 3-7-6）。

姿势。施救者双臂应绷直，上半身前倾（图 3-7-7），以髋关节为轴，利用上半身体重和肩臂部肌肉力量，垂直向下按压（图 3-7-8）。

图 3-7-6　按压手势

按压时应平稳有规律，确保胸廓在每次按压后充分回弹，不能冲击或跳跃式按压。按压频率：每分钟 100～120 次；按压深度：成人至少 5 cm，不超过 6 cm。

图 3-7-7 双臂绷直

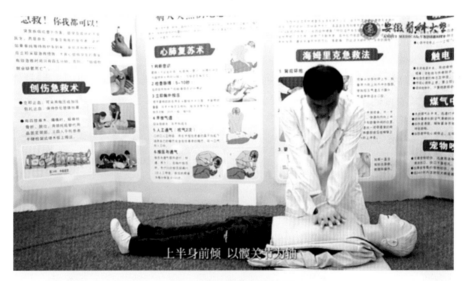

图 3-7-8 垂直向下按压

7.3 开 放 气 道

清除异物。第一次按压30次后，观察伤员气道是否畅通及有无异物。若有异物，则将其头偏一侧、清除异物；若无异物，则直接应用仰头抬颏法(用一只手轻抬其下颌，另一手压前额，使头后仰)打开气道(图3-7-9)。

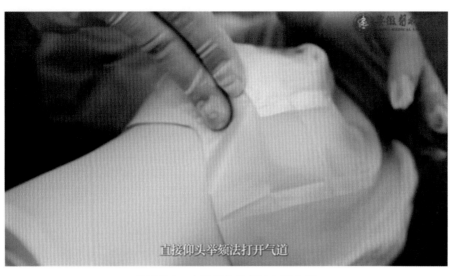

图 3-7-9　应用仰头抬颏法开放气道

7.4 人 工 呼 吸

　　确保气道通畅后,覆上呼吸膜(图 3-7-10),手捏住伤员鼻孔,嘴对嘴缓慢吹气,同时侧目观察伤员胸廓有无起伏(图 3-7-11)。人工呼吸时最好用呼吸膜隔开,院外现场救护中也可用透气性强的衣服、毛巾等物隔开。紧急情况下,施救者大多直接口对口进行人工呼吸,而这恰恰体现了施救者的高尚品德和无私奉献精神。

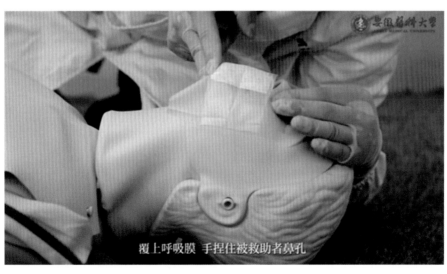

图 3-7-10　覆呼吸膜

图 3-7-11　人工呼吸

7.5　自动体外除颤仪的使用

AED 被称为心脏骤停的"救命神器"，是一部能够自动检测并监测患者心律，同时可自动施以电击使心脏恢复正常运作的急救仪器（图 3-7-12）。AED 的启用和使用无需专业培训，打开后跟随语音提示即可完成操作。在交通拥堵的大城市，120 急救的平均反应时间一般超过 10 min，第一时间使用 AED 将极大缩短除颤等待时间，伤员的生还率可由 3% 提高到 50% 以上。欧美发达国家一直在推广公众启动除颤计划（Public Access Defibrillation，PAD），将 AED 放置在社区及公共场所，如学校、商店、机场、地铁、运动健身场所等地方，一旦发生院外心搏骤停，施救者就可在第一时间利用 AED 对伤员进行除颤。

图 3-7-12　合肥某高校校园里的 AED

截至 2021 年 1 月，上海市已投放 AED 2700 台，平均 1.08 台/1000 人，而瑞典、荷兰、日本等国家的 AED 配置分别为 4.2 台/1000 人、4.7 台/1000 人和 3.2 台/1000 人。因此，我们不仅要增加对公共区域 AED 的投放量，还要加强日常养护，增加公众对 AED 的认识度和利用度。

早期电除颤对心脏骤停伤员的救治至关重要。一旦取得 AED 就应立即使用，可以按照以下步骤操作：

（1）打开电源开关，按语音提示操作。解开病人胸部的衣服，从机器背面取出电极片包装袋，撕开包装，取出电极片（图 3-7-13）。

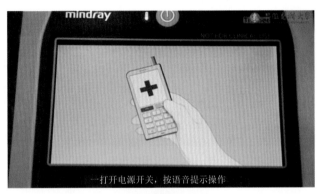

(a) 拨打紧急电话

(b) 解开胸部的衣服

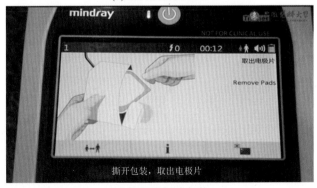

(c) 撕开电极片包装

图 3-7-13　打开电源开关，按语音提示操作

　　（2）AED电极片安装部位。心尖部电极片应安放在左腋前线第五肋间（图3-7-14（a）），另一电极片置于胸骨右缘、锁骨之下（图3-7-14（b）），插入电极片插头（图3-7-14（c）），选择"成人模式"；当机器提示"正在分析，请勿接触病人"时，施救者全身均须脱离伤员，勿接触伤员（图3-7-14（d））。

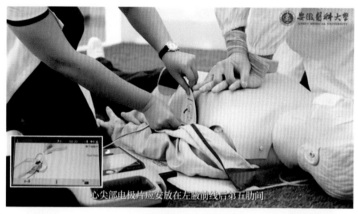

(a) 粘贴心尖部电极片

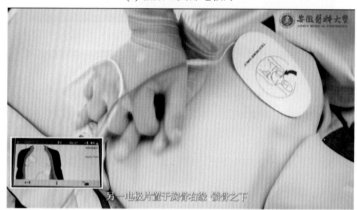

(b) 粘贴右胸部电极片

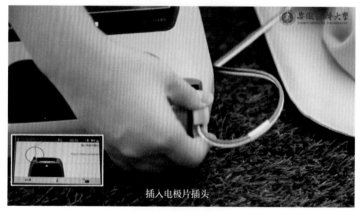

(c) 插入电极片插头

图 3-7-14　AED 电极片安装部位

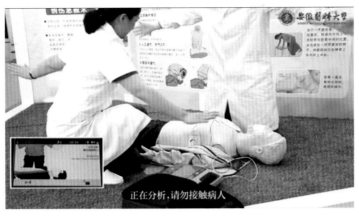

(d) 等待分析，远离伤员

图 3-7-14　AED 电极片安装部位(续)

（3）等待 AED 分析结果，提醒周围人不要接触伤员。

（4）若 AED 语音提示需要除颤，则再次确认无人员接触伤员后，点击除颤按钮进行除颤。

（5）若不需要除颤或除颤完毕，则继续进行心肺复苏，AED 会给出按压节拍和口对口人工呼吸提示，施救者按语音提示完成即可。

7.6　心肺复苏效果的判断

按压与吹气之比为 30∶2，连续操作 5 个循环后触摸伤员颈动脉搏动，判断复苏效果。复苏有效即可停止，复苏无效则持续进行，直到有条件开展高级生命支持。高级生命支持是指专业救护人员在心搏骤停现场，或在向医疗机构转运过程中进行的一系列抢救措施。

心肺复苏有效的指征：伤员颈动脉搏动恢复，自主呼吸恢复，面色、口唇、手指甲缘恢复红润，部分伤员还可恢复自主意识。

有效心肺复苏辅以 AED 的使用是心跳呼吸骤停的重要抢救措施。我国是世界上人口最多的国家，有报告指出，目前我国的心肺复苏术培训普及率不足 1%。要切实提高以心肺复苏为主的应急救护培训的全民参与率，仅靠专业力量推动是无法实现的，"全民参与"才是提升培训普及率的终极策略。愿每位读者都可以成为心肺复苏培训全民普及的参与者和推动者。

参 考 文 献

[1]　Hua W，Zhang L F，Wu Y F，et al. Incidence of Sudden Cardiac Death in China：Analysis of 4 Regional Populations [J]. Journal of the American College of Cardiology，2009，54(12)：1110-1118.

[2]　李小寒，尚少梅. 基础护理学[M]. 6 版. 北京：人民卫生出版社，2017.

［3］何亚荣,郑玥,周法庭,等.2020年美国心脏协会心肺复苏和心血管急救指南解读:成人基础/高级生命支持［J］.华西医学,2020,35(11):1311-1323.

［4］黄煜,何庆.2020 AHA 心肺复苏指南解读(六):复苏教育科学和救治系统［J］.心血管病学进展,2021,42(2):188-192.

［5］Panchal A R,Bartos J A,Cabaas J G,et al. Part 3:Adult Basic and Advanced Life Support:2020 American Heart Association Guidelines for Cardiopulmonary Resuscitation and Emergency Cardiovascular Care ［J］. Circulation,2020,142(16 suppl2):366-468.

［6］朱梦兰,赵方捷,刘同同,等.公众启动除颤实施现状及优化对策［J］.解放军医院管理杂志,2021,28(12):1186-1188.

［7］冉飘,王静,王秀玲,等.公众启动除颤PAD项目实施研究进展［J］.中华灾害救援医学,2021,9(5):1005-1009.

［8］王立祥,孟庆义,余涛.2018中国心肺复苏培训专家共识［J］.中华危重病急救医学,2018,30(5):385-400.

8　防震减灾拍手歌

霍山县应急局、霍山县地震局　张　颖

（推荐单位：安徽省地震局）

163

人物：A（萱萱，七年级女生）、B（安安，五年级女生）

关系：邻居、好朋友

时间：2019年5月11日（周末）

场景：在花园小区相遇，边走边聊

人物对话。

A：嗨！安安妹妹好！

B：嗨！萱萱姐姐好！

A：几天没见，有什么新鲜事儿跟我分享分享？

B：好朋友就是不一样哦，我正想去找你呢！昨天，我们学校组织了一场科普活动，名叫"防震减灾，科普先行"。

A：太好了！快说给我听听。

B：我体验到了地震，知晓了有关地震的常识。科普活动真的很有意义！唉！可是，强烈地震带来的灾难太惨痛了！

A：是的，安安！我们平时就要做好地震安全准备，提前了解房屋结构、疏散线路和周边的避难场所。

B：家里也要备个应急包！

A：是的，安安！知道吗？开展防震减灾科普活动，就是告诉我们……

B：（快速接上并清晰地说出）要增强防震减灾意识！

A：对！通过学习地震知识，掌握避险自救方法，为我们宝贵的生命增加安全防线。

B：我记住萱萱姐说的了！哦，对了，萱萱姐！听保安大叔说，你又拿奖啦！萱萱姐，是什么大奖呀？

A：在科普讲解员大赛中，我的参赛作品《防震减灾，让我们共同面对》荣获了全省一等奖。

B：哇哦，好厉害！向萱萱姐学习！（拥抱）

A：我俩还是一起学习，一起提高吧！好吗？

B：耶！加油！

结尾部分：两个人互动，面对面拍手诵唱《防震减灾拍手歌》。

《防震减灾拍手歌》

你拍一，我拍一，应急技能常演习。你拍二，我拍二，地震来了不要怕。

你拍三,我拍三,冷静撤离和疏散。你拍四,我拍四,就近避险勿多思。
你拍五,我拍五,被困废墟把嘴捂。你拍六,我拍六,相信亲人会来救。
你拍七,我拍七,救助未到不要急。你拍八,我拍八,保存体力不乱扒。
你拍九,我拍九,回应救援要长久。你拍十,我拍十,战胜险情贵坚持!

9　科学使用抗生素

中国科学技术大学　张燕翔　张振兴　王茗依　王　校

紫宇彤　洪　姣　李淑君　陶　立

（推荐单位：中国科学技术大学）

抗生素在进入我国几十年后具有了一种被夸大的、赋予了神秘感的完美形象，因为人类在没有发现抗生素之前对细菌感染束手无策。实际上，细菌在日常生活中几乎无处不在，有些细菌会对我们的身体健康造成损害，它们就是病菌。我们的免疫系统时刻与它们进行战斗，保护我们的身体健康。当人体受伤或者免疫力降低时，就容易被病菌感染。而在人体免疫系统难以抵御病菌时，就需要使用抗生素进行治疗(图 3-9-1)。

图 3-9-1　抗生素大战病菌

抗生素通过让病菌失水、细胞壁破裂、干扰蛋白质合成和抑制复制来杀灭病菌，保护人体健康。从青霉素被发现以来，抗生素家族不断壮大，可以用来抵御不同的病菌。抗生素的"神奇"疗效得到人们的肯定，但人们在使用过程中也逐渐出现了滥用抗生素的问题。现在普遍存在把抗生素当感冒药以及用抗生素预防感染的情况。如果长时间服用抗生素、超量超疗程服用抗生素或在无感染情况下服用抗生素，那么就有可能筛选出具有抵御此类抗生素的病菌，让病菌形成耐药性(图 3-9-2)。

此外，抗生素也被大量使用于畜牧业，这些抗生素会随着肉类产品端上我们的餐桌。由于抗生素在动物体内无法得到有效降解，若人长期食用这些富含兽用抗生素的食物，则会导致人体细菌的耐药性在不知不觉中增强。由于抗生素新药研发的速度远远低于病菌耐药性形成的速度,抗生素长期滥用则会导致超级病菌的产生,然而几乎没有抗生素能够杀灭超级病菌,一旦感染就等同于罹患绝症(图3-9-3)。

图 3-9-2 病菌形成耐药性

图 3-9-3 超级病菌的危害

滥用抗生素还会损害人体的多种器官,伤害幼儿听力,长期不合理使用等于慢性自杀。抗生素的治疗效果虽然得到普遍认可,但也有可能产生不良药物反应。在全球使用抗生素的患者中,10%~20%出现了不良反应;5%出现了致残、致畸、住院时间延长等严重后果,其中甚至有25%最终死亡。世界卫生组织统计,中国医院的抗生素使用量是欧洲国家的2倍以上。在中国,每年有超过8万人死于滥用抗生素。

抗生素不是抗病毒药,无法治疗病毒性感冒。我们在服用抗生素时一定要遵医嘱,既不可随意服药,也不能随意停药,只有完全杀死病菌后才可以停药,否则就会产生耐药性。如果炎症持续得不到控制,那么可以通过细菌培养来明确感染的致病菌,只有对症使用抗生素(图 3-9-4),才能够避免形成抗药性。

图 3-9-4　对症使用抗生素

　　抗生素并非越新越好,也并非越贵越好(图 3-9-5)。关爱人类健康,需要人们正确认识抗生素、科学使用抗生素。广谱抗菌药物虽然应用范围更大,但是也更容易破坏人体微生物的正常平衡。如果明确了致病微生物,那么最好使用针对性较强的窄谱抗菌药物,这样才不容易产生二重感染。

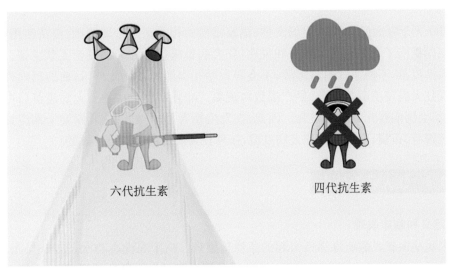

六代抗生素　　　　　　　　　四代抗生素

图 3-9-5　抗生素并非越新越好

　　为了避免资源浪费,以及让人体产生耐药性,我们在使用抗生素的过程中,能用一种抗生素就不要使用两种。近年来各种公共卫生事件频繁发生,人们也开始纠正不正确的用药习惯,逐渐形成健康、科学用药的意识。

10　孕妈妈被狗咬，能否打疫苗

中国科学技术大学附属第一医院(安徽省立医院)　卢　今　余记双

张静静　徐君岚

(推荐单位：中国科学技术大学附属第一医院(安徽省立医院))

可爱的"喵星人"和忠诚的"汪星人"为人们的日常生活增添了无限乐趣，生活中被猫抓狗咬的事件层出不穷。然而"狂犬病"一旦发病，病死率几乎100%，令人不寒而栗。为了人们的生命健康，2015年12月10日，世界卫生组织(WHO)在瑞士日内瓦召开的全球狂犬病会议上，提出"2030年前在全球消除犬引起的人狂犬病"的全球战略计划。因此，关注狂犬病，正确认识狂犬病疫苗，是健康生活必不可少的一课。众所周知，被狗咬伤后，需要接种狂犬病疫苗来预防狂犬病，但人们对于"孕妇可以接种狂犬病疫苗吗？""接种狂犬病疫苗会对胎儿造成影响吗？"等问题并不清楚答案。其实在动物咬伤门诊的药师耳边，类似的问题还有很多。那么，接下来我们就以一位孕妈妈被狗咬伤后的用药咨询为例，对狂犬病和接种狂犬病疫苗的问题进行详细解答。

10.1　孕妈妈能否接种狂犬病疫苗

WHO关于狂犬病疫苗的立场文件、国家出台的相关医疗处置原则、疫苗使用说明书，都对该问题做出了十分明确的指导和说明：狂犬病暴露接种狂犬病疫苗无禁忌证。狂犬病疫苗是灭活疫苗，不能通过胎盘屏障，不会导致胎儿出现异常。此外，目前的国内外研究中均未发现狂犬病疫苗引起流产、早产或致畸现象。哺乳期女士接种狂犬病疫苗后可继续进行哺乳，不会影响婴儿的正常发育。因此，在发生伤害后，孕妇或哺乳期女士都应该尽早到正规医院规范、正确、全程接种狂犬病疫苗，接种狂犬病疫苗是安全有效的。

10.2　狂犬病的特点

1. 定义和临床表现

狂犬病是由狂犬病病毒感染引起的急性传染病。临床表现有恐水、怕风、畏光、进行性瘫痪等。近年来，狂犬病报告死亡数一直位居我国法定报告传染病前列，给人民群众的生命健康带来严重威胁。接种狂犬病疫苗是预防狂犬病的唯一有效手段！

犬是狂犬病病毒的主要传染源，占95%以上，以及猫科动物和狐、狼、豹、熊、蝙蝠等，而禽类、鱼类、昆虫类、龟类和蛇类动物都不会感染和传播狂犬病病毒。

2. 传播途径

致病动物通过咬伤、抓伤、舔伤人体皮肤或黏膜来感染人，但病毒不会侵入没有损伤的皮肤。

3. 潜伏期

狂犬病病毒的潜伏期从 5 天至数年（通常 2～3 个月，极少超过 1 年）不等，病毒毒力越强，侵入部位神经越丰富，潜伏期就越短。若无重症监护，则病人一般会在出现神经系统症状后 1～5 天内死亡。

10.3　狂犬病疫苗的接种剂量

目前最常规的是接种 5 针疫苗，各针的接种时间分别是狂犬病暴露后的当天（第 0 天）、第 3 天、第 7 天、第 14 天、第 28 天。

10.4　伤人的动物已注射过兽用狂犬病疫苗，伤者是否仍要预防处置

狗、猫等动物需要每年定期接种正规且合格的兽用狂犬病疫苗，这样才能有效地预防动物狂犬病的发生。如果动物每年接种狂犬病疫苗的资料齐全，能够证明预防接种的动物免疫有效，那么人被这样的动物咬伤、抓伤，可以只进行伤口处置而不用接种疫苗。当无法对动物接种兽用狂犬病疫苗后的免疫效果进行评价时，无论伤人动物是否进行过免疫，伤者都必须处理伤口、注射狂犬病疫苗和/或注射被动免疫制剂。

10.5　暴露伤口处理

伤口处理包括对伤口进行彻底冲洗、消毒处理，以预防伤口感染，这对预防狂犬病发生具有重要意义。首先，水流冲洗有助于减少伤口的病毒残留量，更重要的是狂犬病病毒对脂溶剂（肥皂水、氯仿、丙酮等）、75％酒精、碘制剂以及季胺类化合物较为敏感，采用肥皂水和消毒剂能够有效地杀灭伤口周围的大部分病毒。因此，彻底冲洗伤口和消毒可大大降低狂犬病的发生风险。

10.6　被犬咬后的处置

消毒后应尽快就近至有资质的医疗机构就诊。狂犬病病毒会在没有氧气的环境下增殖，所以不要包扎伤口。伤及头面部或伤口较大、较深应及时就医，请专业人员处置（表 3-10-1）。

表 3-10-1　伤口的预防处置

级别	接触方式	处理意见
Ⅰ级	接触或喂养动物；完好的皮肤被舔；完好的皮肤接触狂犬病动物或人狂犬病例的分泌物或排泄物	一般不需处理
Ⅱ级	裸露的皮肤被轻咬；无出血的轻微抓伤或擦伤	1. 处理伤口； 2. 接种狂犬病疫苗
Ⅲ级	单处或多处贯穿皮肤的咬伤或抓伤；破损皮肤被舔舐；黏膜被动物唾液污染；暴露于蝙蝠（即人与蝙蝠发生接触）	1. 处理伤口； 2. 注射被动免疫制剂； 3. 接种狂犬病疫苗

10.7　全程接种后再次被狗咬伤的处理

1. 伤口处理

任何一次暴露后均应首先、及时、彻底地进行伤口处理。

2. 疫苗接种

一般情况下,全程接种狂犬病疫苗后体内的抗体水平可维持至少 1 年。若再次暴露发生在免疫接种过程中,则继续按照原有程序完成全程接种,无需加大剂量;全程免疫后半年内再次暴露者一般不需要再次免疫;全程免疫后半年至 1 年内再次暴露者,应当于第 0 天和第 3 天各接种 1 剂疫苗;超过 1 年者应当全程接种疫苗(表 3-10-2)。

表 3-10-2　疫苗接种的处理建议

咬伤距上次接种的时间	处理建议
在接种过程中	接种完 5 针即可
半年以内	一般不建议再接种
一年以内	加强接种 2～3 针
超过一年	重新接种 5 针

10.8　接种疫苗后的注意事项

注射后,留观半小时,若无过敏、低血糖等异常情况,由家人陪同离院。最后一针疫苗注射完毕后的第 15 天早上空腹抽血检测狂犬病毒抗体,验证注射疫苗效果。注射治疗期间,忌饮酒、浓茶等刺激性食物和剧烈运动等。

参 考 文 献

［1］ 周航,李显,陈瑞丰,等.狂犬病预防控制技术指南(2016 版)[J].中华流行病学杂志,
2016,37(2):139-163.

［2］ Sultanov A A，Abdrakhmanov S K，Abdybekova A M，et al. Rabies in Kazakhstan
[J]. PLoS Neglected Tropical Diseases,2016,10(8):e0004889.

［3］ Pomares G，Huguet S,Dap F,et al. Contaminated Wounds:Effectiveness of Debride-
ment for Reducing Bacterial Load[J]. Hand Surgery and Rehabilitation,2016,35(4):
266-270.

［4］ 陈瑞丰,陈庆军,于学忠,等.中国犬咬伤治疗急诊专家共识(2019)[J].临床急诊杂志,
2019,20(9):665-671.

11　跟我一起学快乐：情绪管理学

合肥市第四人民医院(安徽省精神卫生中心)　徐小童

(推荐单位：合肥市第四人民医院)

情绪是人心理过程中非常重要的一部分，在我们的生活中，它无处不在，也无时不在。想象一下，当我们得到一件自己心仪已久的物品时、当我们和别人的意见不同而发生争执时、当我们接到一个突如其来的任务时……我们的情绪体验和身体感受分别是怎样的呢？

11.1　情绪的概念及其社会功能

什么是情绪？情绪是一种由某种诱发事件而引起的内心体验，同时还会伴随一些生理功能的改变，比如心率的变化、血压的变化、呼吸的变化等。情绪同时具有社会功能，具体体现在情绪是个体适应社会生存的一种心理工具，情绪具有激发个体社会行为的动机，情绪是社会活动的组织者(一般来说，正性情绪对社会活动起到协调、组织作用；负性情绪对社会活动起到瓦解、破坏或阻断作用)，情绪同时也是人际沟通交流的重要手段等。

喜怒哀乐都是情绪，它是身体内部发出的信号，不管是正性情绪还是负性情绪都是生命体验的一部分。《黄帝内经》记载："喜怒不节则伤脏，脏伤则病。""喜伤心，怒伤肝，思伤脾，悲伤肺，恐伤肾。"因此情绪与个体健康有密切联系。

11.2　情绪管理的步骤

情绪虽不能避免，但可以通过学习与练习来进行自我情绪管理，做到恰如其分的表达。

觉察情绪并接纳它们，了解情绪产生背后的心理需求，为情绪设定界限，合理表达，最后进行自我调整，这些是情绪管理的关键步骤。

1. 觉察情绪，学会为情绪命名

"这是铅笔""这是手表""这是围巾"……就像人们认识外部事物并为其命名一样，我们也应该学会为自己的情绪命名，以帮助我们觉察自己的情绪。前文中提及的，当我们得到一件自己心仪已久的物品时产生的内心体验，如兴奋、高兴、开心、快乐、满足等，都是我们当时的情绪，是我们的正性情绪；当我们和别人的意见不同而发生争执时产生的内心体验，如生气、气愤、愤怒、恼火等，这些是我们的负性情绪；当我们接到一个突如其来的任务时，我们会感到不知所措、焦虑、担忧、恐惧、发愁等。这就是给情绪命名，命名的过程其实就是我们进行情绪觉察与分析情绪产生原因的过程。

2. 接纳情绪，学会与情绪相处

接纳情绪就是接纳当下自身的一切情绪体验。首先应做到面对自己的情绪：面对而不逃避，接纳而不排斥，不管是正性情绪还是负性情绪。我们无法有意识地逃避任何情绪体验，当我们试图去努力地回避某种情绪时，反而会更加强化该种情绪体验，所以只能接纳，否则我们就会陷入内心的矛盾与纠结中，更加扰乱心绪。

在接纳情绪的过程中，我们要有开放的态度，放下各种评价，不给情绪冠以这是好情绪、那是坏情绪的评判，仅仅去体验当下的情绪、身体的反应以及想采取的行为反应，同时也要告诉自己，不论何种情绪都不会持续存在，总会消退。比如，此时我感到很愤怒，我的心跳很快，我的呼吸急促，我的整个人感觉很紧张、无法平静，我特别想大声喊叫，我甚至想和对方打一架，或者我还是忍一忍，等等。接下来，我们试着从另外的角度来看待我们的情绪、身体感受及行为趋势。我们可以问自己：为什么自己会这样？这代表我重视什么？我想要什么？我之前是不是也遇到过类似情境？当时我是如何处理的？等等。

3. 分析情绪，认清情绪产生的原因

每一种情绪的产生都有其原因。负性情绪的产生往往是因为需求没有得到满足。比如，当某种意愿不能实现时，或者在实现某种意愿的过程中其行动被阻止时产生愤怒；又如，当个体遭遇失落或丧失之后会产生悲伤；再如，当人因目标事件、人或物等不确定因素而导致无所适从时会产生恐惧的反应等。在这里，想和大家谈一谈焦虑情绪，很多人认为焦虑情绪是一种不好的情绪，它会给人带来局促不安，会影响个人的饮食起居。而实际上，焦虑是人类在生存适应过程中发展出来的一种情绪，是人遇到困难、挑战或危险等事情时出现的一种正常情绪反应。焦虑情绪并不意味就是病理性的、不正常的情绪，适度焦虑具有积极的意义，有助于激励个人完成相关任务。然而过度焦虑，已经明显影响个人生活、学习、工作时，则需要予以关注，及时寻求帮助。

4. 设置界限，合理表达情绪

情绪需要被表达，表达是人类与生俱来的能力，很多心理问题的出现都是由没有很好表达造成的。但情绪表达时，我们要为情绪表达设置好边界，要把情绪体验与行为反应分开。首先安全是底线，不管采取何种方式表达情绪，都不应出现伤害自身或危害他人安全的行为。在我的接访中，有一些青少年会和我表达："我最近很难受，也不知道是因为什么，我总觉得活得很压抑，我不开心，甚至不喜欢身边的人、讨厌这个世界……"当我问他们会用什么样的方式去释放自己的情绪时，一部人会回答"用小刀划自己，划完之后会有一种痛快或者解放的感觉"。这样的表达就是不合理的表达，因为这种表达触犯了安全的底线，伤害了自身。其次要以不损害健康为前提。有一些表达方式虽然没有触及安全底线，但却是不健康的行为方式，会影响自身的健康，这也是不提倡的。比如一些人会说："最近压力大，所以会多喝一些酒，帮助自己入睡，喝醉了，也就不想了。"

如何选择合理的情绪表达方式？我们可以在自身心情平静时提前列出情绪表达的行为方式清单，当自己出现负性情绪时，在完成前面三个步骤后，尝试选择清单上的一些方式来表达情绪，做到情绪无法逃避，但应对情绪的行为方式可以由我们来选择。我们先要通过言语来表达自身的情绪感受，说出自己真实的感受，同时表达出自己对有关他人的一些请求或者情感需求；也可以选择艺术表演，通过舞蹈、弹琴、唱歌等来表达自己的情绪；还可以通过运动来表达，如慢跑、跳绳、爬山、游泳等；当然还可以选择呼吸训练、肌肉放松训练、正念冥想、培养自己的兴趣爱好等方式。

5. 调整自我，促进自身不断成长

当刺激出现时，在行为反应前，有一个非常关键的因素就是我们的认知，不同的认知会决定行为的具体方向。试着换一个角度，在习惯性分析他人不足的同时，想一想自己的情绪反应是不是因自身的某些需求没有被满足或者没有被他人关注而引起；同样，换位思考，对方又是因为什么才会有如此的情绪反应。学会关心自己、体谅他人，用积极的态度与方式处理情绪，采取理性的策略处理各类问题，才能有效地促进个人成长。

希望每个人都能够学会情绪管理，不被情绪控制，做自己情绪的主人，拥有美好快乐的人生。

12　元　素　之　力

美丽科学团队　高　昕　杨广玉　王鸿涛　刘思晏

（推荐单位：合肥市科学技术局）

元素，又称为化学元素，是组成物质的基本成分。同一种化学元素是由相同的原子组成的，即原子中的原子核具有同样数量的质子，一般的化学方法不能使原子核再分解。截至2021年底，科学家已经发现的元素有118种，可按一定的规律排列成元素周期表（图3-12-1），其中前94种元素是自然界中存在的，剩余的元素则是由科学家在实验室中合成出来的，未来也可能会有新的元素继续被合成出来。前94种元素构成了地球上的万物，包括我们人类。

元素和宇宙起源有着密不可分的关系。目前的科学研究认为，宇宙大爆炸生成了氢、氦等轻元素，而一部分重元素则是由恒星内部的聚变反应产生的。一些恒星在衰老时变为超新星，在这一过程中温度升高、压力增大，在高温高压下，原子核进一步聚变，生成了更重的元素。

12.1　氢、轻，傻傻分不"清"

氢（H）元素位于元素周期表首位，也是周期表中最轻的元素。在自然界中，氢单质一般以氢气（H_2）的形式存在，H_2是目前已知最轻的气体。19世纪50年代，英国医生合信在用中文编写《博物新编》时，将"氢气"叫作"轻气"，意为最轻的气体。1871年，化学家徐寿先生在翻译《化学鉴原》时也将"轻气"引入，所以"轻"字成为今天中文"氢"字的来源。

由于H_2很轻，以前人们经常拿它来填充气球。氢气球密度比空气小，可以飘浮在空中。虽然H_2无色、无味、无毒，但却是一种异常危险的气体，因为它高度易燃，与空气中的O_2混合点燃时极易发生爆炸，且火花、高温甚至阳光都有可能引发其爆炸，造成严重危害，所以后来人们就很少使用氢气球了，而是用另外一种相对安全很多的氦气来填充气球。和氢气球类似，氦气球也可以飘浮在空中。不过缺点就是氦气比H_2的生产成本要高不少，其主要原因是地球上的氦元素储量非常少。

氢是宇宙中含量最多的元素，遍布于宇宙的各个角落。氢是生命的必需元素，为地球生物的生存提供了多重保障；它也是恒星和巨行星的主要成分之一。具体来说，氢是组成太阳的主要元素，通过聚变反应为太阳源源不断地提供能量，没有它，地球将失去光和热，万物也将无法存活。

非金属元素

金属元素

稀有气体元素

过渡元素

族 / 周期	IA 1	IIA 2	IIIB 3	IVB 4	VB 5	VIB 6	VIIB 7	VIII 8	9	10	IB 11	IIB 12	IIIA 13	IVA 14	VA 15	VIA 16	VIIA 17	0 18	电子层	0族电子数
1	1 H 氢 $1s^1$ 1.008																	2 He 氦 $1s^2$ 4.003	K	2
2	3 Li 锂 $2s^1$ 6.941	4 Be 铍 $2s^2$ 9.012											5 B 硼 $2s^22P^1$ 10.81	6 C 碳 $2s^22P^2$ 12.01	7 N 氮 $2s^22P^3$ 14.01	8 O 氧 $2s^22P^4$ 16.00	9 F 氟 $2s^22P^5$ 19.00	10 Ne 氖 $2s^22P^6$ 20.18	L K	8 2
3	11 Na 钠 $3s^1$ 22.99	12 Mg 镁 $3s^2$ 24.31											13 Al 铝 $3s^23P^1$ 26.98	14 Si 硅 $3s^23P^2$ 28.09	15 P 磷 $3s^23P^3$ 30.97	16 S 硫 $3s^23P^4$ 32.06	17 Cl 氯 $3s^23P^5$ 35.45	18 Ar 氩 $3s^23P^6$ 39.95	M L K	8 8 2
4	19 K 钾 $4s^1$ 39.10	20 Ca 钙 $4s^2$ 40.08	21 Sc 钪 $3d^14s^2$ 44.96	22 Ti 钛 $3d^24s^2$ 47.87	23 V 钒 $3d^34s^2$ 50.94	24 Cr 铬 $3d^54s^1$ 52.00	25 Mn 锰 $3d^54s^2$ 54.94	26 Fe 铁 $3d^64s^2$ 55.85	27 Co 钴 $3d^74s^2$ 58.93	28 Ni 镍 $3d^84s^2$ 58.69	29 Cu 铜 $3d^{10}4s^1$ 63.55	30 Zn 锌 $3d^{10}4s^2$ 65.38	31 Ga 镓 $4s^24P^1$ 69.72	32 Ge 锗 $4s^24P^2$ 72.63	33 As 砷 $4s^24P^3$ 74.92	34 Se 硒 $4s^24P^4$ 78.97	35 Br 溴 $4s^24P^5$ 79.90	36 Kr 氪 $4s^24P^6$ 83.80	N M L K	8 18 8 2
5	37 Rb 铷 $5s^1$ 85.47	38 Sr 锶 $5s^2$ 87.62	39 Y 钇 $4d^15s^2$ 88.91	40 Zr 锆 $4d^25s^2$ 91.22	41 Nb 铌 $4d^45s^1$ 92.91	42 Mo 钼 $4d^55s^1$ 95.95	43 Tc 锝 $4d^55s^2$ [98]	44 Ru 钌 $4d^75s^1$ 101.1	45 Rh 铑 $4d^85s^1$ 102.9	46 Pd 钯 $4d^{10}$ 106.4	47 Ag 银 $4d^{10}5s^1$ 107.9	48 Cd 镉 $4d^{10}5s^2$ 112.4	49 In 铟 $5s^25P^1$ 114.8	50 Sn 锡 $5s^25P^2$ 118.7	51 Sb 锑 $5s^25P^3$ 121.8	52 Te 碲 $5s^25P^4$ 127.6	53 I 碘 $5s^25P^5$ 126.9	54 Xe 氙 $5s^25P^6$ 131.3	O N M L K	8 18 18 8 2
6	55 Cs 铯 $6s^1$ 132.9	56 Ba 钡 $6s^2$ 137.3	57~71 La~Lu 镧系	72 Hf 铪 $5d^26s^2$ 178.5	73 Ta 钽 $5d^36s^2$ 180.9	74 W 钨 $5d^46s^2$ 183.8	75 Re 铼 $5d^56s^2$ 186.2	76 Os 锇 $5d^66s^2$ 190.2	77 Ir 铱 $5d^76s^2$ 192.2	78 Pt 铂 $5d^96s^1$ 195.1	79 Au 金 $5d^{10}6s^1$ 197.0	80 Hg 汞 $5d^{10}6s^2$ 200.6	81 Tl 铊 $6s^26P^1$ 204.4	82 Pb 铅 $6s^26P^2$ 207.2	83 Bi 铋 $6s^26P^3$ 209.0	84 Po 钋 $6s^26P^4$ [209]	85 At 砹 $6s^26P^5$ [210]	86 Rn 氡 $6s^26P^6$ [222]	P O N M L K	8 18 32 18 8 2
7	87 Fr 钫 $7s^1$ [223]	88 Ra 镭 $7s^2$ [226]	89~103 Ac~Lr 锕系	104 Rf 𬬻* $(6d^27s^2)$ [267]	105 Db 𬭊* $(6d^37s^2)$ [270]	106 Sg 𬭳* [269]	107 Bh 𬭛* [270]	108 Hs 𬭶* [270]	109 Mt 鿏* [278]	110 Ds 𫟼* [281]	111 Rg 𬬭* [281]	112 Cn 鿔* [285]	113 Nh 鿭* [286]	114 Fl 𫓧* [289]	115 Mc 镆* [289]	116 Lv 𫟷* [293]	117 Ts 鿬* [293]	118 Og 鿫* [294]	Q P O N M L K	8 18 32 32 18 8 2

镧系	57 La 镧 $5d^16s^2$ 138.9	58 Ce 铈 $4f^15d^16s^2$ 140.1	59 Pr 镨 $4f^36s^2$ 140.9	60 Nd 钕 $4f^46s^2$ 144.2	61 Pm 钷 $4f^56s^2$ [145]	62 Sm 钐 $4f^66s^2$ 150.4	63 Eu 铕 $4f^76s^2$ 152.0	64 Gd 钆 $4f^75d^16s^2$ 157.3	65 Tb 铽 $4f^96s^2$ 158.9	66 Dy 镝 $4f^{10}6s^2$ 162.5	67 Ho 钬 $4f^{11}6s^2$ 164.9	68 Er 铒 $4f^{12}6s^2$ 167.3	69 Tm 铥 $4f^{13}6s^2$ 168.9	70 Yd 镱 $4f^{14}6s^2$ 173.0	71 Lu 镥 $4f^{14}5d^16s^2$ 175.0
锕系	89 Ac 锕 $6d^17s^2$ [227]	90 Th 钍 $6d^27s^2$ 232.0	91 Pa 镤 $5f^26d^17s^2$ 231.0	92 U 铀 $5f^36d^17s^2$ 238.0	93 Np 镎 $5f^46d^17s^2$ [237]	94 Pu 钚 $5f^67s^2$ [244]	95 Am 镅* $5f^77s^2$ [243]	96 Cm 锔* $5f^76d^17s^2$ [247]	97 Bk 锫* $5f^97s^2$ [247]	98 Cf 锎* $5f^{10}7s^2$ [251]	99 Es 锿* $5f^{11}7s^2$ [252]	100 Fm 镄* $5f^{12}7s^2$ [257]	101 Md 钔* $(5f^{13}7s^2)$ [258]	102 No 锘* $(5f^{14}7s^2)$ [259]	103 Lr 铹* $(5f^{14}6d^17s^2)$ [262]

图 3-12-1　元素周期表

12.2 氧气,地球生命的保卫者

　　氧(O)是地壳中含量最多的元素,在宇宙中的含量仅少于氢与氦。和氢单质类似,氧单质在自然界中的形态主要为 O_2。O_2 是地球大气层的主要成分之一,在空气中的含量仅次于氮气(N_2),约占空气体积的 20.8%,也就是说,空气主要由 N_2 和 O_2 组成,剩余气体只占了非常微小的一部分。

　　大气层中的 O_2 吸收太阳辐射出的紫外线后会变成臭氧,臭氧又会分解消失,这样的动态平衡使得大气层中的臭氧含量维持在均衡状态,这就是"臭氧层"。臭氧层可以吸收太阳辐射至地球的大部分紫外线,保护地球生物免遭紫外线侵害。

　　当然,几乎所有动物的呼吸都需要消耗 O_2(图 3-12-2)。20 多亿年前,正是由于蓝藻等藻类植物的光合作用,O_2 开始在大气层中逐渐积累,才逐渐演化出如今丰富多彩的生命。因此,O_2 曾被称为生命之气。徐寿先生在《化学鉴原》中曾将原法文元素名"oxygène"译为"养气",意为养人之气,后来演变为今天的中文名"氧气"。

地球上绝大多数动物的生存都离不开氧气,包括我们人类。

真的有点挤……

图 3-12-2　氧气,生命之气

　　我们知道,长期住在平原上的人去高原时往往会出现高原反应。其实,长期住在高原上的人来到平原时也会出现平原反应。这是因为他们长期居住在高原上,心肺功能比较强大,红细胞携带氧的能力较强,这样就可以较好地适应 O_2 浓度较低的高原环境。当他们来到平原地区时,还不能够适应较高的 O_2 含量,红细胞依然在高效地运输 O_2,从而使人产生不适,很可能会"醉氧",具体表现为疲倦、无力、头晕、胸闷、嗜睡、腹泻等。

　　那人们常说的有氧运动和"氧"又有什么关系呢?

　　有氧运动是指人在 O_2 充分供应的情况下进行体育锻炼。也就是说,在运动过程中,人

体吸入的 O_2 与其需求相等,达到生理上的平衡。人体在运动过程中一直在消耗能量,在进行有氧运动的时候,机体的能量供应主要来源于脂肪的有氧代谢。而在进行百米冲刺、举重等无氧运动的时候,机体瞬间就要消耗大量能量,仅靠脂肪代谢是无法满足的,这个时候就需要通过体内的糖类进行无氧代谢来提供能量。

氧是非常活泼的元素,很容易与大多数元素发生反应,生成氧化物。当这一反应快速进行时,一般会产生大量的光和热,这就是所谓的燃烧,而火则是物质燃烧时能量释放的表现形式。火的使用是人类早期的伟大成就之一,也是人类发展史上的一个重要转折点。

12.3 生 命 之 源

H_2 和 O_2 的燃烧产物只有水(H_2O)。水是生活中最常见的液体,是生命之源,是包括人类在内的所有地球生物维持生命活动所需的基本物质。

自然界中的水存在着多种形态,常温常压下的水为无色透明的液体,降温至 0 ℃时,水会凝固结冰,而升温至 100 ℃时,又会汽化成水蒸气。水也是人体重要的组成部分,约占人体质量的 70%。另外,地球表面 70% 以上的区域被海洋所覆盖,但是绝大多数的水无法直接饮用,所以我们要珍惜水资源!

值得一提的是,由于 H_2 的燃烧产物只有水,清洁无污染,若能够控制 H_2 较为温和地燃烧,则可将它作为一种清洁能源。虽然自然界中的 H_2 储量很低,但很多工业反应都会生成作为副产品的 H_2,因此氢能正在发展成为新兴能源。液氢是 H_2 经过降温而得到的液体,是一种无色、无味的高能低温液体燃料,可用于新能源汽车、运载火箭等装备中。然而,因为 H_2 易燃易爆,存储和运输过程中还存在很多问题,所以目前氢能暂未得到广泛应用。

参 考 文 献

[1] 李海.化学元素的中文名词是怎样制定的? [J].化学教学,1989(3):36-38.
[2] 潘吉星.中外科学技术交流史论[M].北京:中国社会科学出版社,2012.

13　小七学医：中风篇

安徽中医药大学第二附属医院　李　梦

（推荐单位：安徽中医药大学第二附属医院）

脑血管病（中风）是影响我国居民身体健康的三大"杀手"之一，是临床中最常见的神经系统疾病。近年来，我国中风的发病率有上升的趋势，城市居民平均每 10 万人就有 219 人发生中风，农村地区平均每 10 万人中有 185 人患病。据此估算，我国每年中风新发病者为 200 万人（图 3-13-1）。每年死于中风的患者约为 150 万人，在人口病亡顺序中排第二位。因此，中风已经成为危害我国居民身体健康和生命安全的主要病因。

图 3-13-1　全国每年中风发病趋势示意图

13.1　什么是中风？

中风病是以猝然昏仆、不省人事、半身不遂、口舌㖞斜、言语不利为主症的一类疾病。病情轻的患者也可能没有昏仆、半身不遂症状。中风病都是突然发生的，古人形容其为"若暴风之急速"，即像暴风的速度一样快。古人认为风是游走不定、变化很快的，称风为"风善行而数变"，所以医家将本病命名为中风。

图 3-13-2　中风的表现

13.2　为什么会中风?

针对中风的原因,古代医家做了诸多探讨。元代王履提出的"真中风""类中风"才是我们现在所说的中风病;其后,明代张景岳认为中风是"内伤积损"导致;清代叶天士认为中风与"精血衰耗"有关,王清任则认为与"气虚血瘀"有关。随着认识的不断深入,中风的原因逐渐明确,风、火、痰、瘀是中风发病的主要致病因素,这些因素导致人体阴阳严重失调。中风病与现代医学中的脑血管疾病相仿,包括缺血性中风和出血性中风。

(1) 缺血性中风包括脑梗死和短暂性脑缺血发作等,都是由大脑缺血引起的。正常的大脑动脉血管是富有弹性的,随着年龄增长,血压、血脂、血糖升高,大脑血管出现动脉粥样硬化。此时血管壁增厚、变硬,血管失去弹性,管腔变窄,再加上血液黏稠、血流速度减慢,就容易导致大脑缺血(图 3-13-3)。

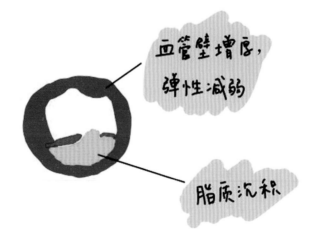

血管壁增厚,
弹性减弱

脂质沉积

图 3-13-3　动脉粥样硬化发病机制示意图

（2）出血性中风包括脑出血和蛛网膜下腔出血等。脑出血是由于动脉粥样硬化，血管变硬、变脆，失去弹性，血压升高，血液对血管产生冲击力，冲破血管而导致的（图3-13-4）。

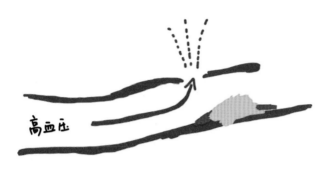

图 3-13-4　出血性中风发病机制示意图

因此，导致中风的基本病理基础是大脑动脉粥样硬化，而动脉硬化的发生又和年龄、血压、血糖、血脂、肥胖、运动缺乏等因素有关。

13.3　中风的表现症状

（1）主要表现：猝然昏仆、不省人事、半身不遂、口舌㖞斜，病情轻的可能没有昏仆表现。

（2）发病前可能有头晕、头痛、心慌胸闷、身体一侧麻木等先兆症状，或有失眠烦心、长期饮酒、形体肥胖等。由暴怒、暴喜、暴饮暴食、用力排便等诱发。

（3）多急性起病，好发于40岁以上人群。

13.4　中风了应该怎么办？

古代医学家在治疗中风方面积累了很多经验，创立了很多方药。清代名医王清任在《医林改错》中记载了他创立的"补阳还五汤"，用以治疗中风后肢体偏瘫、麻木等气虚血瘀证者（图3-13-5）。古人在使用针灸治疗中风、促进康复方面也有着丰富的经验。针灸歌赋《百症赋》中的"半身不遂，阳陵远达于曲池"就是指通过针刺阳陵泉、曲池等穴位来治疗中风偏枯（图3-13-6）。

在中风的急性期和恢复期，需要中西医结合进行综合治疗，切不可轻信所谓的"偏方""秘方"。

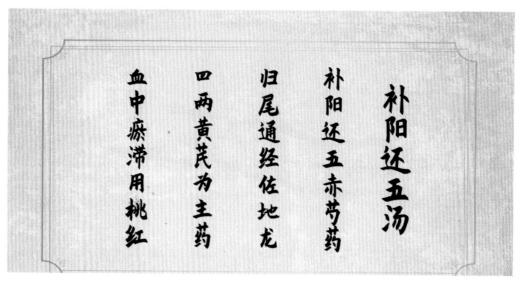

图 3-13-5　补阳还五汤药方

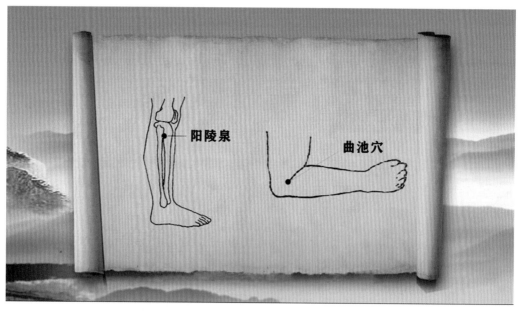

图 3-13-6　针刺阳陵泉、曲池等穴位治疗中风偏枯

13.5　如何预防中风?

　　中风的发病率、致死率和致残率都很高,为了减少中风对人体的伤害,我们需要预防中风的发生。我们可以通过避免内伤积损、减少情志过极、改变不良饮食习惯、控制体重、坚持适量运动等方式来进行预防。具体来说,需要做到以下几点:

（1）控制血压、血糖、血脂，让各个指标"达标"。

（2）坚持健康、合理的饮食、生活习惯，戒烟戒酒。

（3）坚持适量的运动，控制体重，劳逸结合。

（4）维持心理健康、情绪稳定（图3-13-7）。

图3-13-7　中风预防与调护

参 考 文 献

[1]　郭霭春.黄帝内经素问白话解[M].北京:中国中医药出版社,2020.

[2]　郭霭春,王玉兴.金匮要略校注白话解[M].北京:中国中医药出版社,2012.

[3]　王清任.医林改错[M].李天德,张学文,整理.北京:人民卫生出版社,2005.

[4]　饶明俐.中国脑血管病防治指南(试行版)[M].北京:人民卫生出版社,2007.

14　儿童发热咳嗽安全用药

安徽医科大学第二附属医院　王媛媛　朱　熙　吴　君　张　丽
蔡必强　朱文静　光　晨　凌　颖
（推荐单位：安徽医科大学第二附属医院）

当下新型冠状病毒肺炎疫情防控常态化，孩子原本常见的发烧、咳嗽，让家长们更加焦虑紧张。体温多少是发热？如何安全合理地使用退烧药？儿童咳嗽怎么办？抗生素能不能用？家庭护理怎么做？本文将做出详细解答。

14.1　发　热　篇

（1）什么是发热（发烧）？

正常人在体温调节中枢的调控下，机体的产热和散热过程是保持动态平衡的，一旦机体受到外来"攻击"，这种平衡被打破，就会导致发热。临床中通常将腋温≥37.5 ℃或肛温≥38 ℃定义为发热（图3-14-1）。

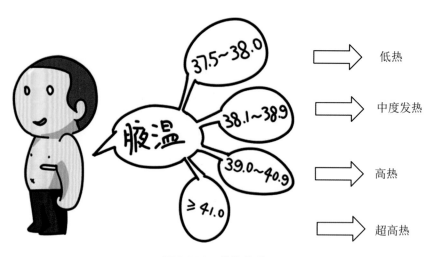

图3-14-1　发热分类

一般情况下，发热可以增强人体自身的免疫功能，提高对疾病的防御能力。但持续高热可能会危及生命。

（2）何时需要使用解热镇痛药（退烧药）？如何判断孩子发热时是否舒适？

孩子感到不舒服，有可能是发热引起的，也有可能是由原发疾病引起的，这种不舒适会对孩子的食欲、活动、睡眠及行为等方面产生影响。一般发热本身不会导致病情恶化或神经系统损害,降温治疗亦是治标不治本。因此,应该依据发热是否造成了患儿不适,而不是单纯地以体温高低来决定是否使用解热镇痛药(退烧药)。对儿童发热的舒适度可以从患儿的精神、情绪、进食、活动及睡眠等方面进行评估(图 3-14-2)。

| 无痛 | 有点痛 | 轻微疼痛 | 明显疼痛 | 严重疼痛 | 疼痛剧烈 |

图 3-14-2　面部表情疼痛分级

(3) 使用退烧药后仍反复发热,是药物无效吗? 需要立即去医院吗?

给孩子使用退烧药后,可能只降温 1～2 ℃,体温不一定能完全恢复正常,同时药物在体内持续作用时间一般为 4～6 h,如果引起儿童发热的疾病未能得到控制,那么可能导致再次发热。

儿童发热时,若仅表现为单纯的体温升高,而皮肤口唇颜色正常、黏膜湿润、神志清醒、哭声有力、热退后精神反应良好,无明显感染病灶、无其他伴随症状、无呼吸急促,可以暂时不去医院,在家观察处理,同时可予以多饮水、温水浴、减少衣物、降低环境温度等物理方法退热,监测体温变化,必要时再次给予退烧药,2 次用药之间应间隔 4～6 h,24 h 内不超过 4 次。

一旦出现以下任意一种情况,就应立即去医院进行诊治:

① 儿童年龄<3 个月、发热前到达过疫源地或怀疑有疫区接触史。

② 出现按压不褪色的皮疹、面色苍白或灰暗或发绀、皮肤花纹。

③ 无法进食和饮水、神志不清或反应很差、肢体活动障碍。

④ 持续疼痛或哭闹不止、呼吸急促、心动过速、抽搐。

⑤ 持续高热不退(>39 ℃),已诊断为免疫缺陷病或血液病等。

(4) 儿童退烧药对乙酰氨基酚、布洛芬可以交替使用吗?

不推荐对乙酰氨基酚和布洛芬交替使用。

虽然对乙酰氨基酚和布洛芬交替使用相比单独使用对乙酰氨基酚或布洛芬,在体温降低值上有一些差异,但并不能有效改善患儿因发热而导致的不适,同时增加了解热镇痛药不良反应的风险。此外,由于对乙酰氨基酚和布洛芬的剂量、间隔时间和用法不同,造成用药方案复杂化,家长和医护人员易产生混淆,从而导致患儿解热镇痛药的药物过量甚至中毒。

(5) 儿童发热需要用抗生素吗?

一般引起儿童急性发热的是病毒感染,无需使用抗菌药物。孩子发热时一定要区分细菌感染和病毒感染。家长不可以私自给孩子使用抗菌药物,需要到医院就诊。

考虑细菌感染的几种常见情况:

① 3 岁以下的儿童出现病因不明的急性发热,发热时间≥2 天,泌尿系统感染的风险

较高。

② 3 月龄以下的婴儿,体温≥38 ℃;3～6 月龄婴儿,体温≥39 ℃。

③ 查血有炎症指标水平升高,如白细胞、降钙素原(PCT)或 C 反应蛋白(CRP)等。

(6) 高热时输液能否好得快些?

答案是"不一定"。多数情况下,若患儿一般状况良好,则不需要输液治疗,常规输液治疗本身也不能降低体温。通常急性发热患儿出现以下情况时,宜采取输液治疗(图 3-14-3):

① 存在严重细菌感染或菌血症的高风险,需要静脉输入抗菌药物。

② 明显脱水,需要静脉补液纠正,或存在脱水表现,无法口服补液。

③ 存在明显电解质紊乱,需要静脉补充或纠正。

④ 存在休克或其他危重情况。

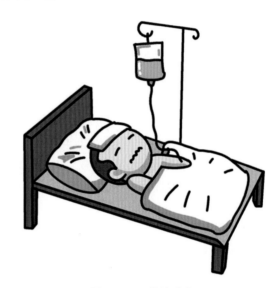

图 3-14-3　输液治疗

(7) 家长如何正确照护发热患儿?

① 孩子发烧可以使用物理降温,如温毛巾外敷儿童额头、洗温水浴、减少穿着的衣物、使用退热贴、适当降低室内温度等(图 3-14-4)。

② 勤测体温,2 月龄以上的儿童体温≥38.2 ℃伴明显不适时,可使用解热镇痛药,服药后如大量出汗,应及时更换衣物。一般服药后 30～60 min 体温开始下降,如患儿持续嗜睡、精神差,或出现热性惊厥,应及时就诊。

③ 多饮水,饮食以清淡易消化、少量多餐为原则。

④ 每天定时开窗通风,通风时尽量避免对流风直吹孩子。

⑤ 保证患儿休息充足。

(8) 发热时饮食上应该注意什么?

发热时患儿热量消耗大,水分丢失多,要多喝温开水。出汗多时还要在水中略加些盐,以补充丢失的盐分。

在病情不是很严重,没有严重呕吐和腹泻等情况时,还应给予清淡、不油腻、易消化、富

图 3-14-4　发热患儿的家庭护理

含水分、有一定热量的食物(如苹果、菜汤、大米粥、牛奶等),忌辛辣、生冷和不易消化的食物。应少食多餐,以每日 6～7 次为宜。母乳喂养的宝宝应少量多次喂奶,以免引起吐泻等消化不良症状。

退热后不应急于为孩子补充营养(高蛋白、高热量食物),应逐渐恢复到正常饮食,以免引起消化不良和胃肠道不适。

14.2　咳　嗽　篇

(1) 小儿咳嗽是疾病吗?

咳嗽是一种症状,而不是疾病,咳嗽的本质是一种自我防御,通过咳嗽的动作,有助于痰液、异物排出,保持呼吸道清洁通畅。当孩子咳嗽时,家长及医师应积极寻找咳嗽背后的病因,而不是盲目止咳。

(2) 孩子一咳嗽就立即吃止咳药对吗?

儿童轻微的咳嗽并不需要使用止咳药。一咳嗽就吃止咳药,咳嗽是止住了,却让分泌物留在呼吸道,堵塞呼吸道,容易导致肺部感染。

咳嗽是呼吸道的保护性生理反射,在一定程度上是"有益的"。当孩子咳嗽时,我们应该积极寻找咳嗽背后的病因,而不是盲目止咳。镇咳药(如右美沙芬)仅作为一种对症治疗手段,并非是咳嗽的根本治疗,且可能伴随不良反应,仅在咳嗽剧烈且影响孩子日常生活时,在医生或药师的指导下方可使用。

(3) 儿童急性咳嗽需要使用抗菌药物吗?

急性咳嗽患儿不需常规使用抗菌药物。

儿童急性咳嗽一般是由病毒感染引起的,通常情况下不用药也能自行好转。早期使用抗菌药物并不能减轻咳嗽和其他症状或缩短病程,反而可能导致药物不良反应、造成肝肾功能损害、诱导细菌耐药、掩盖症状导致咳嗽病程延长等。

如儿童急性咳嗽一直不好，或出现发热、咳脓痰、流脓涕、查血有炎症指标水平升高等情况，医生可能会判断患儿有细菌感染，此时才需要使用抗菌药物。

(4) 儿童急性咳嗽需要用祛痰药吗？

急性咳嗽患儿不需常规使用祛痰药。

儿童常使用的祛痰药包括氨溴索、乙酰半胱氨酸等，但祛痰药对咳嗽的疗效并不绝对。在孩子痰多、难以咳出、影响生活和学习时，经医师充分评估后可酌情使用。

(5) 儿童咳嗽需要用抗组胺药吗？

急性咳嗽患儿不需常规使用抗组胺药。

减充血剂(如麻黄碱)可快速收缩鼻腔黏膜血管，减轻鼻腔黏膜水肿，从而减轻鼻塞，但应注意连续用药不应超过7天。

若儿童咳嗽是由过敏性鼻炎引起的，则可口服第二代抗组胺药。

若儿童咳嗽是由其他鼻部疾病引起的，则6岁以上儿童急性咳嗽期可使用第一代抗组胺药联合减充血剂进行治疗(表3-14-1)。

表3-14-1 常用抗组胺药分类

抗组胺药	常用药物	优点	缺点
第一代抗组胺药	苯海拉明 氯苯那敏 酮替芬 赛庚啶	有一定减少分泌物、减轻咳嗽的作用	易出现嗜睡、乏力的不良反应
第二代抗组胺药	西替利嗪 氯雷他定	安全性更高	无止咳作用

(6) 孩子咳嗽在什么情况下可使用支气管舒张剂？

急性咳嗽患儿不需常规使用支气管舒张剂。

常见支气管舒张剂包括沙丁胺醇、丙卡特罗、特布他林等。支气管舒张剂对孩子的急性咳嗽并无肯定疗效，但可改善大部分咳嗽变异性哮喘患儿的咳嗽症状。

(7) 儿童咳嗽需要雾化治疗，正确雾化怎么做？

选择孩子安静时吸入，因为哭闹挣扎会使咽喉充血，造成声音嘶哑，不利于治疗。

清洁口腔，雾化吸入前不要涂抹油性面霜，新打开的雾化面罩在连接后，打开开关吹1~2 min后加药。

雾化吸入时尽量保持孩子上半身直立，增加吸入药物重力沉积的机会，提高治疗效果，防止药物溅入眼睛。

做完雾化后给孩子洗脸，并且让孩子用温水漱口，清除掉口腔里的残余药物。

其他细节：治疗前帮孩子拍背排痰；雾化药液避免温度过低；雾化治疗前30 min避免进食过多；雾化后，雾化器、呼吸管道及雾化面罩要清洁和消毒(图3-14-5)。

(8) 儿童急性咳嗽，一般多久能好？

图 3-14-5　儿童雾化治疗

　　超过 50％的儿童急性呼吸道感染所致咳嗽的自然持续时间为 10～14 天,所以家长需要做的是耐心等待及仔细地观察患儿的症状。

　　若发现孩子出现以下令人担心的情况,则提示可能有中耳炎、鼻窦炎、支气管炎或肺炎,需及时就医:

　　① 咳嗽持续不缓解。

　　② 咳嗽进行性加重。

　　③ 出现其他症状,如发热、耳痛、耳流脓、鼻塞、脓涕、喘息、气促、口唇发紫、呼吸困难、精神烦躁或萎靡等。

　　(9)家长如何正确照护咳嗽患儿?

　　① 远离吸烟环境。吸烟环境与儿童咳嗽、呼吸道感染、哮喘和喘息均有关。如果父母都有吸烟习惯,那么 11 岁以下的孩子约 50％会经常咳嗽。因此,让儿童远离吸烟环境对呼吸道健康非常重要(图 3-14-6)。

　　② 理解咳嗽病程,耐心观察。急性咳嗽自然持续时间超过 10 天。应耐心观察孩子是否出现其他严重症状。

　　③ 多喝水,清淡饮食、保证营养充分,能防止身体脱水,还能加速代谢,帮助降温,缓解不适。合理饮食,选择易消化吸收的半流质或流质食物,如稀饭、煮透的面条、鸡蛋羹、新鲜蔬菜等。

　　④ 发热时,可以采用物理降温,发热 38.5 ℃以上时正确服用儿童退烧药。

　　⑤ 注意个人卫生。家中时刻保持卫生、通风,少去或不去公共场合避免交叉感染。

　　⑥ 保暖。关注气温变化,及时给患儿增减衣物,睡觉时盖好被子。

　　⑦ 就医后遵医嘱。小儿呼吸道疾病要及时就医,医生诊断后按正确的方式方法、用法用量服用药物。

图 3-14-6　远离吸烟环境

参 考 文 献

[1]　国家呼吸系统疾病临床医学研究中心,中国医药教育协会儿科专业委员会,中国医师
　　　协会呼吸医师分会儿科呼吸工作委员会,等.儿童发热健康教育30问[J].中华实用儿
　　　科临床杂志,2021,36(8):566-573.

[2]　秦红莉,任菁菁.儿童发热在基层医疗卫生机构的规范化诊治[J].中国全科医学,
　　　2020,23(7):866-869.

[3]　王琪,苏绍玉,刘腊梅,等.儿童发热管理临床实践指南解读和内容分析[J].护理学杂
　　　志,2021,36(14):28-31.

[4]　高莉菲,胡浩,宋明霞.对于儿童发热的认识[J].中国医药指南,2019,17(26):297-
　　　298.

[5]　刘恩梅,陈耀龙,陆权.中国儿童咳嗽指南(2021患者版)[J].儿科药学杂志,2021,27
　　　(S1):17-22.

[6]　中华医学会儿科学分会临床药理学组,国家儿童健康与疾病临床医学研究中心,中华
　　　医学会儿科学分会呼吸学组,等.中国儿童咳嗽诊断与治疗临床实践指南(2021版)
　　　[J].中华儿科杂志,2021,59(9):720-729.

附　　录

附录1 荣誉榜

附表 1　安徽省科学实验展演汇演评选结果

序	实验主题	推荐单位	作者姓名	获奖等次
1	手持式超导磁悬浮装置	黄山市科技局	宋珍珍	一等奖
2	一"碳"究竟:从碳中和说起	安徽省地质矿产勘查局	方懿	一等奖
3	玩转火箭	安徽省科学技术协会	朱纪玲	一等奖
4	"星星之火"的奥秘	蚌埠市科技局	王朝阳	二等奖
5	科学实验之水表计量	安徽省市场监督管理局	郑海燕	二等奖
6	一路小跑回家的茶树内生菌	安徽农业大学	常慢慢	二等奖
7	甜甜彩虹塔	滁州市科技局	林玲	二等奖
8	洪荒之力	池州市科技局	徐慧芬	二等奖
9	结构光三维成像	安徽大学	张磊	二等奖
10	奇思妙想玩科学	安徽省科学技术协会	张卉	三等奖
11	如何快速鉴别市售真假蚕丝被	安徽省市场监督管理局	戚刚	三等奖
12	火山爆发	马鞍山科技局	宁玮	三等奖
13	灾害环境下防护服整装综合防护性能测试	合肥市科技局	李亚运	三等奖
14	婴幼儿配方乳粉中碘的检测:电感耦合等离子体质谱法	安徽省药品监督管理局	夏莲	三等奖
15	人脐带干细胞生物节律的实时监测	安徽大学	秦曦明	三等奖
16	反渗透直饮水机的工作原理	宿州市科技局	李娜	三等奖
17	大气压	滁州市科技局	张婷婷	三等奖
18	珠兰花继代植物组织培养	黄山学院	李珂佳	三等奖
19	地层"三明治"	安徽省自然资源厅	杨洋	优秀奖
20	土壤与生活	安徽省地质矿产勘查局	陈园园	优秀奖
21	隐形墨水	安徽省科学技术协会	孙晓竞	优秀奖
22	科学使用抗生素	中国科学技术大学	张燕翔	优秀奖
23	海市蜃楼现象的实验演示	合肥工业大学宣城研究院	潘刚	优秀奖
24	看得见摸得着的空气压缩小实验	安徽建筑大学	张东徽	优秀奖

续表

序	实验主题	推荐单位	作者姓名	获奖等次
25	香椿叶中硝态氮含量的测定	阜阳师范大学	孟平	优秀奖
26	蓝衫甲醛净除醛测试	合肥市科技局	孔洪涛	优秀奖
27	摩擦静电	滁州市科技局	汪伟	优秀奖
28	小学科学浮力非常规实验设计	阜阳市科技局	武盟佳	优秀奖
29	猕橙相争之维生素C含量比较	六安市科技局	冯寅寅	优秀奖
30	还你一杯干净的水	六安市科技局	汪浩	优秀奖
31	纳米薄膜极速电热技术与应用	芜湖市科技局	郑国庆	优秀奖
32	小苏打和白醋的神奇反应	芜湖市科技局	侯其梅	优秀奖
33	神奇的液体	池州市科技局	张萍萍	优秀奖
34	探究植物体运输水和无机盐的结构	黄山市科技局	吴明锋	优秀奖
35	观察根尖分生组织有丝分裂的改进实验	黄山市科技局	汪珊珊	优秀奖

附表2　安徽省科普讲解大赛评选结果

序	讲解题目	推荐单位	作者姓名	获奖等次
1	破译亿万年的生物密码:化石修复	安徽省自然资源厅	刘阳阳	一等奖
2	"肚子"里的大学问	安徽省地震局	刘文静	一等奖
3	"小太阳"托卡马克	安徽省科学技术协会	胡文浩	一等奖
4	健康中国从预防疾病开始	合肥市科技局	徐国芳	一等奖
5	盘点世界上最神奇的云	安徽省气象局	常苏蕾	一等奖
6	从三环行驶到四环	中国科学技术大学	吴家玲	二等奖
7	走进核聚变	中国科学院合肥物质科学研究院	许蕾	二等奖
8	高铁为什么没有安全带	宿州市科技局	魏晶晶	二等奖
9	ECMO技术	安徽医科大学	吴琳梅	二等奖
10	魅力核能,美丽中国	安徽省地质矿产勘查局	梁楚珩	二等奖
11	赏古诗,论梅雨	滁州市科技局	夏梦瑾	二等奖
12	冰雹的奋斗史	安徽省气象局	王悦	二等奖
13	小儿海姆立克急救法	六安市科技局	范楚苓	二等奖
14	小身材,大用途:神奇的纳金	安徽大学	杜袁鑫	二等奖
15	保护臭氧层	阜阳市科技局	闫添龙	二等奖
16	科学使用抗生素	中国科学技术大学	张振兴	三等奖

序	讲解题目	推荐单位	作者姓名	获奖等次
17	一块矿石的变身记	安徽省自然资源厅	袁瑶	三等奖
18	芯片:沙子的创新之旅	安徽创新馆服务管理中心	张珏菀	三等奖
19	心肺复苏	清华大学合肥公共安全研究院	吴守秀	三等奖
20	认识乳腺癌	安徽省卫生健康委员会	马靖靖	三等奖
21	古代建筑抗震名将:榫卯	安徽省地震局	张逸娴	三等奖
22	肺癌患者的饮食	安徽省肿瘤医院	崔亚云	三等奖
23	一路护心	六安市科技局	杨海燕	三等奖
24	日本核废水中残存的"氚"到底是什么	中国科学院合肥物质科学研究院	王露	三等奖
25	神奇的地下迷宫	安徽省林业局	蔡畅	三等奖
26	"风四郎"的气象人生	安徽省气象局	陈静	三等奖
27	为什么不能随意购买处方药	安徽省药品监督管理局	刘丽君	三等奖
28	为什么我们的征途是星辰大海	合肥市科技局	麦尔丹·玉素甫江	三等奖
29	如何挑选儿童化妆品	铜陵市科技局	项琪琪	三等奖
30	为什么要拒食野生动物	宿州市科技局	赵军	三等奖
31	神秘深邃的海洋之眼:蓝洞	安徽省自然资源厅	王倩	优秀奖
32	激情与速度:小社区里的微型消防站	清华大学合肥公共安全研究院	朱耘蝶	优秀奖
33	C611 导弹	安徽省科学技术协会	周梦婷	优秀奖
34	百年复兴,赞颂中国:中国天眼	安徽省科学技术协会	王菡	优秀奖
35	全世界最快的全脑组织成像设备在安徽	合肥综合性国家科学中心人工智能研究院(安徽省人工智能实验室)	俞凡	优秀奖
36	不会熄灭的烟花	中国科学技术大学	于汶生	优秀奖
37	信息隐藏:国家禁止出口限制出口技术	安徽大学	殷赵霞	优秀奖
38	为什么基因检测可以预测疾病	安徽医科大学	彭湃	优秀奖
39	超声耦合剂的小秘密	安徽医科大学	张贤月	优秀奖
40	HPV 知多少:关于 HPV 疫苗的科普	安徽医科大学第一临床医学院	吕踪佳	优秀奖
41	芯片制造之必备神器:光刻机	安徽农业大学	沈楠	优秀奖

续表

序	讲解题目	推荐单位	作者姓名	获奖等次
42	火药文明	安徽理工大学	谢兴华	优秀奖
43	走进人工智能世界	安徽理工大学	韦忠亮	优秀奖
44	"椿"与亚硝酸盐的抗衡:如何更好地食用香椿以减少其中的毒性	阜阳师范大学	马慧新	优秀奖
45	骨骼标本的制作过程	阜阳师范大学	张胜杰	优秀奖
46	阜阳师范大学生物标本馆讲解(就兽类和鸟类)	阜阳师范大学	甘志玲	优秀奖
47	淮河流域新时期时代的发明创造	蚌埠学院	洪何苗	优秀奖
48	中国南北分界线	滁州学院	潘立新	优秀奖
49	烟能点燃吗	滁州学院	胡越	优秀奖
50	防疫常态化之消毒用品的使用	黄山学院	邱瑾	优秀奖
51	保护耕地,节约资源	安庆市科技局	程燕	优秀奖
52	我的梦:聚变梦	中国科学院合肥物质科学研究院	石晓钟	优秀奖
53	安徽省计量院教你正确使用血压计	安徽省市场监督管理局	吴云	优秀奖
54	棉花科普知识	安徽省市场监督管理局	谢雨晴	优秀奖
55	肠道菌群和肠脑	安徽省卫生健康委员会	李烨	优秀奖
56	终止结核,健康中国	安徽省卫生健康委员会	唐飞	优秀奖
57	防晒产品小知识	安徽省药品监督管理局	赵倩茹	优秀奖
58	中药菊花知多少	安徽省药品监督管理局	程璐	优秀奖
59	讲究饮水卫生,每天适量饮水	安徽省疾病预防控制中心	刘银	优秀奖
60	母乳喂养,给宝宝37℃的爱	安徽省疾病预防控制中心	韩振敏	优秀奖
61	美好的一天从健康早餐开始	安徽省疾病预防控制中心	王志敏	优秀奖
62	可可爱爱,Rose猜猜	安徽省林业局	韩文妍	优秀奖
63	松树的"癌症":松材线虫病	安徽省林业局	李青	优秀奖
64	建筑的"膜"幻外衣	安徽省地震局	万菁菁	优秀奖
65	深入地球内部的"望远镜":钻探技术	安徽省地质矿产勘查局	王丹丹	优秀奖
66	探寻地球深部信息的"眼睛"	安徽省地质矿产勘查局	秦睿	优秀奖
67	"小鹿乱撞"是你心动了吗?听听专家怎么说	安徽省立医院	徐健	优秀奖
68	十问十答:关于脑起搏器术后的注意事项	安徽省立医院	梅加明	优秀奖
69	您孩子的身高输在起跑线上了吗	安徽省立医院	王菊梅	优秀奖

序	讲解题目	推荐单位	作者姓名	获奖等次
70	舒畅呼吸,"肺"常关爱	安徽医科大学第四附属医院	马婷婷	优秀奖
71	舌尖上的"移"路同行:造血干细胞移植饮食科普	安徽医科大学第四附属医院	单小倩	优秀奖
72	规范注射胰岛素	安徽医科大学第四附属医院	吴琼	优秀奖
73	以传感器和加注装备为智,把握未来	合肥市科技局	陈思琪	优秀奖
74	浓香型白酒养成记	亳州市科技局	吴翠芳	优秀奖
75	传承红色基因路,科学普及防灾减灾知识	宿州市科技局	朱明健	优秀奖
76	从"天宫号"揭秘"真空"大疑问	蚌埠市科技局	张梦迪	优秀奖
77	核辐射危害之环保科普	阜阳市科技局	胡悦	优秀奖
78	避雷针	阜阳市科技局	熊进	优秀奖
79	地震中的防弹衣:阻尼器在建筑中的应用	滁州市科技局	昂路	优秀奖
80	九天逐梦,奋楫星河	滁州市科技局	付晓丽	优秀奖
81	中国速度:"复兴号"高铁	六安市科技局	徐馨媛	优秀奖
82	如何正确使用 AED	马鞍山科技局	陈婷婷	优秀奖
83	识别临产先兆	马鞍山科技局	黄瑶	优秀奖
84	无人机科普讲解	马鞍山科技局	赵泽宇	优秀奖
85	走进标准化	芜湖市科技局	鲁雅婷	优秀奖
86	无源之水	芜湖市科技局	丁瑶	优秀奖
87	旋转的磁场	芜湖市科技局	刘锦坤	优秀奖
88	电动车安全充电有妙招	宣城市科技局	陆鑫源	优秀奖
89	一种用于建筑工程中的室外照明支架	宣城市科技局	柳传楠	优秀奖
90	雷电生成原理	宣城市科技局	孟科研	优秀奖
91	传统城市与海绵城市对比	池州市科技局	魏萨	优秀奖
92	废弃物与生命	池州市科技局	王景秀	优秀奖
93	龙卷风	池州市科技局	王芳	优秀奖
94	科技助力传统产业高速发展	黄山市科技局	徐纪苗	优秀奖
95	谈"中药肝损"无须色变	黄山市科技局	赵阳昱	优秀奖

附表3　安徽省优秀科普微视频征集评选活动入选作品汇总表

序	作品名称	推荐单位	作者姓名	获奖等次
1	神秘的南极	时代新媒体出版社有限责任公司	张静明	一等奖
2	云讲国宝:青铜才是王者	安徽博物院	安徽博物院信息中心	一等奖
3	流浪台风	安徽省气象局	王悦	一等奖
4	植物是如何生长的	安徽省科学技术馆	安徽省科学技术馆	一等奖
5	保护地故事:九华山	池州市科学技术局	九华山风景区（地质公园）管理委员会	一等奖
6	国宝扬子鳄	安徽省林业局	吴荣	二等奖
7	无间道之进击的HPV	安徽理工大学	韩冰	二等奖
8	心肺复苏术(CPR)宣传片	安徽医科大学	安徽医科大学实验教学中心	二等奖
9	防震减灾拍手歌	安徽省地震局	张颖	二等奖
10	科学使用抗生素	中国科学技术大学	中国科大数字文化中心	二等奖
11	孕妈妈被狗咬,能打疫苗吗	中国科学技术大学附属第一医院（安徽省立医院）	卢今	二等奖
12	跟我一起学快乐:情绪管理学	合肥市第四人民医院	徐小童	二等奖
13	"嗨!元素"动画:元素之力	合肥市科学技术局	美丽科学团队	二等奖
14	小七学医:中风篇	安徽中医药大学第二附属医院	李梦	二等奖
15	儿童发热咳嗽安全用药	安徽医科大学第二附属医院	安徽医科大学第二附属医院药学部（团队创作）	二等奖
16	雾的科学识别	安徽省气象局	沈爱华	三等奖
17	新冠疫情公益广告系列（工作场所防控篇、个人防护篇、居家篇、出行篇、老人篇、学校篇）	安徽省疾病预防控制中心	安徽省疾控中心健康教育科	三等奖
18	携月壤归国	安徽信息工程学院	王子晴	三等奖
19	食品安全知识科普宣传	安徽省市场监督管理局	郭海庆	三等奖

序	作品名称	推荐单位	作者姓名	获奖等次
20	避震小知识	安徽省地震局	天长市地震办公室	三等奖
21	张大力历险记	安徽省立医院	吴杲	三等奖
22	预防深静脉血栓,远离肺栓塞	安徽省立医院	郑文琳	三等奖
23	安全进食法	安徽省立医院	管文娟	三等奖
24	过度用药与药物成瘾	安徽省药品监督管理局	安徽省药品监督管理局	三等奖
25	染发产品与过敏用药	安徽省药品监督管理局	安徽省药品监督管理局	三等奖
26	疫情当前大国角力,新冠疫苗的 5 种研发方式	中国科学技术大学	徐昊	三等奖
27	无接触式太赫兹安检仪助力疫情排查	合肥市科学技术局	孙亚萍	三等奖
28	生命的拥抱:海姆利克急救法	六安市科技局	赵久华	三等奖
29	海姆利克法	中国科学技术大学	管文娟	三等奖
30	补维生素 D 知多少	安徽医科大学第二附属医院	肖玉梅 朱文静	三等奖
31	疫苗系列科普	安徽医科大学第二附属医院	汪大伟 许杨 凌颖	优秀奖
32	药师支招儿童湿疹	安徽医科大学第二附属医院	姜莉 钟贞 光晨	优秀奖
33	家庭用药与应急药品	安徽省药品监督管理局	安徽省药品监督管理局	优秀奖
34	地震安全知识小课堂	安徽省地震局	全椒县地震监测服务中心	优秀奖
35	穿脱隔离衣宣传片	安徽医科大学	胡孔旺	优秀奖
36	小冠出行记	安徽医科大学	吴泽志	优秀奖
37	畅心无阻,"脉"向未来	安徽省立医院	李婷婷	优秀奖
38	奇妙的共振	安徽省地震局	吴雯雯	优秀奖
39	心律动、脑健康、你我共同呵护	中国科学技术大学	李婷婷	优秀奖

续表

序	作品名称	推荐单位	作者姓名	获奖等次
40	如何正确购买医疗器械	安徽省药品监督管理局	安徽省药品监督管理局	优秀奖
41	红外测温仪:防疫抗疫的利器	安徽工程大学	张红	优秀奖
42	心理学家陪你拉拉呱系列之二:疫情之下如何缓解负性情绪	蚌埠医学院	马长征	优秀奖
43	小水滴大智慧	安徽理工大学	陈明	优秀奖
44	他为什么中邪了	合肥市第四人民医院	朱世玲	优秀奖
45	小文小化陪你一起"抗击疫情"	安徽省文化和旅游厅	孟雷	优秀奖
46	穿脱防护服宣传片	安徽医科大学	汪思应	优秀奖
47	垃圾分类知易行难	安徽工程大学	许欢	优秀奖
48	血浆知多少	安徽信息工程学院	卢旺	优秀奖
49	抗病毒药作用机制	六安市科技局	许应生	优秀奖
50	疲劳知多少	安徽理工大学	汪新悦	优秀奖
51	正确使用激素药膏并选择合适剂量	安徽省药品监督管理局	安徽省药品监督管理局	优秀奖
52	抽血那些事儿	安徽理工大学	梁茵	优秀奖
53	我是防疫小卫士	芜湖市科学技术局	荒野科学	优秀奖
54	地震来了如何避险?	安徽省地震局	滁州市地震局	优秀奖
55	从小事做起	安徽信息工程学院	周玉洁	优秀奖
56	新冠病毒公众防护指南	安徽艺术学院科研处	张玉洁	优秀奖
57	北斗耀星空	安徽信息工程学院	卢旺	优秀奖
58	疫情期间心态如何调节	安徽省科学技术出版社	乐龄听书	优秀奖
59	新型冠状病毒的自白	安徽新媒体集团	王乐	优秀奖
60	虚拟主播教你科学防控"新型肺炎"	安徽新媒体集团	高佳	优秀奖

附录 2　获奖人员风采展示

附图 1　安徽省歙县中学　宋珍珍　王志斌

附图 2　安徽省地质调查院(安徽省地质科学研究所)　方　懿

附图 3　安徽省科学技术馆　朱纪玲

附图 4　安徽省蚌埠市科学技术馆　王朝阳

附图5 安徽省计量科学研究院 郑海燕

附图6 安徽农业大学茶与食品科技学院 常慢慢

附图 7　滁州市科学技术馆　林　玲

附图 8　池州市科学技术馆　徐惠芬　钱　琼

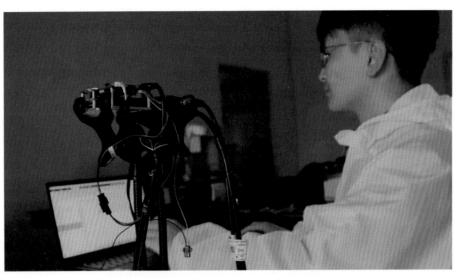

附图 9　安徽大学物理与光电工程学院　张　磊

附图 10　安徽省自然资源厅　刘阳阳

附图 11 安徽省濉溪县融媒体中心 刘文静

附图 12 安徽省科技馆 胡文浩

附图 13　巢湖市营养学会　徐国芳

附图 14　中国科学技术大学　吴家玲

附图 15　中国科学院合肥物质科学研究院　许　蕾

附图 16　泗县科技馆　魏晶晶

附图 17　安徽省核工业勘查技术总院　梁楚珩

附图 18　滁州市气象局　夏梦瑾

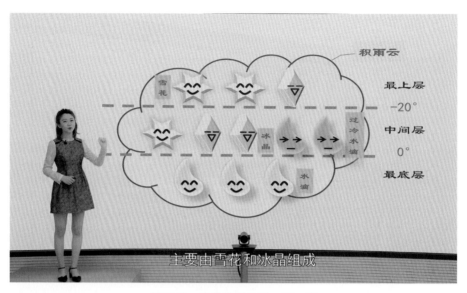

附图19 安徽省气象局 王 悦

附图20 安徽大学 杜袁鑫

附图 21　阜阳幼儿师范高等专科学校　闫添龙

附图 22　中国科学院科学传播研究中心　张静明

附图23　安徽博物院信息中心　胡　蝶

附图24　安徽省气象局　王　悦

附图 25　安徽省科技馆　王　薇

附图 26　安徽扬子鳄国家级自然保护区管理局　吴　荣

附图27　安徽医科大学实验教学中心　胡　燕　汪思应　沈　涛　胡孔旺
王　成　张媛媛　杨　琴　石天霞　凌小娟　周　厅　张　颖

附图28　霍山县应急局、霍山县地震局　张　颖

附图 29　中国科学技术大学　张燕翔

附图 30　中国科学技术大学附属第一医院(安徽省立医院)
卢　今　余记双　张静静　徐君岚

附图31 合肥市第四人民医院(安徽省精神卫生中心) 徐小童

附图32 美丽科学团队 杨广玉 王鸿涛 高 昕 刘思晏

附图 33　安徽中医药大学第二附属医院　李　梦

附图 34　安徽医科大学第二附属医院　王媛媛　朱　熙吴　君

张　丽　蔡必强　朱文静　光　晨凌　颖